醫生，
我的妹妹
想幸福。

16 個關於更年期性冷淡、

產後鬆弛、假高潮……的生活故事，

麻辣女醫教你從私密處重建兩性親密關係

✛ 秘密花園，正綻放

還記得 2012 年，聽說李伯寧醫師想開始鑽研醫美領域時，我的第一個想法是：「這個學妹（當年我是總醫師，伯寧是實習醫師）可能婦產科混不下去了，才會想踏入這行吧。」雖然當時是五大科皆空的年代，想走美容醫學的醫師多如過江之鯽，不算稀奇，但心裡面還是不免替學妹擔心，不知道她是否能走得長久、走得成功。時至今日，證明我的擔心是多餘的，她在這領域走得比我還成功，完全出乎我意料之外。

當美容醫學領域迅速成長之際，私密處整形也風起雲湧地發展，無論是在亞洲、歐洲，還是美洲都不遑多讓。許多婦產科、皮膚科、整形外科醫師相繼投入此領域，但此領域所發表的研究仍相當匱乏，也可能是有些醫師吝於分享個人的寶貴經驗，導致各種私密處整形缺乏一致性的治療指引。關於這點，伯寧就顯得與眾不同，她願意與人分享個人獨到的見解，並分析治療案例，進而得到具體的結論，在本書中也處處可見她智慧的結晶。

十年前，我曾經在高雄市立小港醫院開設婦女性功能障礙門診，當時民風較為保守，且沒有陰道雷射這種利器，

各種因素導致求診婦女不如預期踴躍；但是今天已時機成熟，天時、地利、人和三方齊備！舉例來說，兩年前我在高雄醫學大學附設醫院又開設了陰道雷射門診，此番截然不同，一年近兩百人接受治療，目前甚至有國家將「私密處整形」獨立成婦產科之一次專科，所以出版此書的時間點可謂此其時也。

　　我想這本書能協助醫學美容醫師取得更多私密處的保養及治療方法；亦能幫助儀器製造商、技術員與美容師了解臨床上常見的問題，與醫師共同服務求診者。由於愈來愈多的醫師從事所謂的「醫學美容」，所以必須讓醫美醫師在執業時，能依據實證醫學有所遵循，而非隨著廠商行銷炒作起舞。老實說，此為一個新的領域，待開發研究之處相當多，也希望這本書能拋磚引玉，吸引更多優秀的醫師加入，一同探索並研究這個有趣的「秘密花園」。

高雄醫學大學婦產部部長、高雄醫學大學醫學系婦產學科教授
高雄醫學大學醫學研究所醫學博士、台灣婦產科醫學會理事
台灣婦女泌尿暨骨盆醫學會理事、亞太婦女泌尿醫學會監事
龍震宇

✛ 用熱情與愛轉動世界

　　欣聞李伯寧醫師將多年的行醫心得與最新的私密醫療進展集結成書，拜讀之後，深深佩服李醫師的生花妙筆，能從心理面切入兩性間最私密的空間，再深入淺出帶到生理面，將尖端的醫療技術化為淺顯易懂的案例與解說，勢必造福眾多讀者。李醫師除了有精湛的醫術之外，也有敏銳的觀察力與積極創新的精神，堪稱開啟私密治療領域的代表性學者。李醫師和筆者共事期間，常研究與討論婦產科和泌尿科之間的相通之處，在腦力激盪之下產生不少新概念的火花，其思路之敏捷和實踐的行動力都令人印象深刻。如今李醫師享譽國際，相信她心中源源不絕的熱情與愛正是最重要的能量來源。

　　坊間早已不乏兩性關係的論著，然而兩性間的「愛」與「性」，實為一體之兩面，極少學者能貫通兩者，為芸芸眾生指點一條和諧相處的光明大道。再加上性學本身充滿禁忌的神秘色彩，民眾苦無接收正確訊息的管道，從同儕之間得到的，往往是以訛傳訛的誤解。即使鼓起勇氣向專業醫師詢問，也因門診時間有限而難以得到深入又合乎自身需求的資訊。

　　李醫師以她對生活的熱情態度，與男女關係間的入微觀察，加上自身向各國頂尖學者交流而來的寶貴經驗寫成這本大作，專業而權威，讀來卻完全不費力。女生讀了能對自己更瞭解，解答羞於啟齒的疑問，如果真的必須找婦科醫師時，也能有正確的概念，較容易和醫師溝通；男生讀了更能理解女生的心思，不再誤觸地雷，也更能好好珍愛另一半，成為好情人、好老公。男女兩人一起讀，則像是攜手探索心有靈犀一點通的奇妙世界，時而恍然大悟，時而會心一笑。更重要的是，本書第二章介紹的醫學知識，透過李醫師清楚地解說，可破除許多迷思，也很適合家有女兒的父母親來閱讀。

　　美滿的生活奠基於美好的兩性關係，帶來的愉悅能量能讓我們有更多的好心情去過每一天，讓如此正面的能量充滿周遭，必能令社會更和諧、世界更可愛。此書就像一把鑰匙，為大家打開一道通往幸福的門，至於門後有哪些精采的故事呢？就有待讀者們自行來閱讀體會了！

郭綜合醫院教學副院長

泌尿科專科醫師、外科專科醫師

梁景堯

楔子 ✚ 指日可待的性福烏托邦

> ❝ 謹以此書獻給我親愛的父母，你們無盡的愛和包容， ❞
> 幫助我成為一個充滿正能量、樂於分享的療癒者。
> 感謝你們，希望你們永遠健康平安快樂。

　　回想起 2012 年，我初次踏進 Dr. David Matlock 位於 LA 比佛利山莊的訓練診所，接受嚴格的私密雷射手術訓練；彼時，在台灣及大陸，仍很少有人提及「私密美型康復」的概念，而私密雷射當時在台灣也還處於剛開始萌芽的狀態。如果問及當年台灣的婦產科或醫美醫師有關私密雷射的臨床療效，恐怕十個裡面有十個都會覺得雷射不可能有辦法治療陰道鬆弛、尿失禁或私密處黯淡這些問題。

　　時至 2017 年，台灣私密雷射的普及率已經直追歐美，目前全台私密雷射儀器保守估計應有超過五百台（尚不包括其他能量源私密儀器）。放眼對岸，私密美型康復在北京大學及其他大學附設醫院婦產科大老的積極促成下，已經陸續成立國家級醫學會及專案，提供針對醫

師的手術教育、儀器的標準化訓練，並制訂相關療程的法規，在不久的將來，中國的婦產科專科訓練可望成立相關的次專科訓練計畫，目前的整形機構也有超過半數以上提供私密處的康復治療。私密美型康復在亞洲風起雲湧發展的同時，歐洲與美洲也不遑多讓，相繼成立女性私密美型康復醫學會，於全球進行密集的醫師手術及儀器標準化訓練。

私密美型治療的風行，跟女性本有的性康復需求息息相關。回顧我們在婦產科專科醫師的訓練中，並沒有特殊的學門及次專科針對女性在產後、衰老、更年期中所發生的陰道鬆弛，或私密美型需求提供完整的訓練。往年如果有女性在生產後覺得陰道鬆弛或是乾澀沒有快感，走進婦產科醫師的門診詢問相關的性治療時，除了傳統侵入性高的收緊手術，並沒有其他微創性或非創性的方法可以提供女性在產後及更年期的陰道康復需求。

根據統計，有高達 90 ～ 95% 的婦女在生產過後感受到性生活品質明顯下降，並有高達 90% 的婦女在懷孕中或生產後半年內受明顯尿失禁症狀所苦。這樣龐大的

數據比例，卻只有不到 10% 的婦女在婦產科求診時會詢問醫師。除了難以啟齒的苦惱，性障礙對女性自信的影響更甚於其他生活打擊。

另一項有關性生活與離婚率的統計，一份針對 500 位離婚當事人所做的調查結果顯示，上海的離婚率高居全中國第二，最大的離婚原因是「性生活不和諧」；調查還發現，上海女性發生婚外情的比例「遠高於」男性。而廣東省政協常委張楓稱：「近九成離婚因性不和諧。在一萬對夫婦結婚的同時，大約有 4500 對夫婦在鬧離婚，其中 85 ～ 90% 是因為性關係不和諧。」這是 2012 年的一組新聞數據，五年過去了，這種現象仍舊沒有改觀，甚至可能加劇。

由這份資料可以了解，即使在中國相對保守的區域，性生活的品質對於夫妻生活及婚姻的維持仍然佔有非常重要的地位。而女性在面臨生產及更年期等諸多因素的衝擊下，私密處的衰老對性生活的影響至鉅，但在傳統醫療中，除了婦科及產科疾病的治療，卻鮮少有醫學章節著墨於此領域。

　　反觀古老中國，有關回春及閨房術的傳說及著作並不少見，例如《素女經》便是最好的例子。所以在近幾年私密康復的蓬勃發展下，我們欣見有愈來愈多的醫師及研究者投入此一領域，創造了具有科學根據的數據及論文讓臨床工作者有依據可循。我本身也非常開心在多年的自我進修及摸索下，幫助了愈來愈多的女性朋友在私密處重建自信跟青春感，也很感動的聽到客戶回饋我許多感人的故事。

　　在醫美整形診所服務多年，我發現很多女性求診者在尋求私密處治療的同時，心底藏著許多洋蔥，常常直接在診療台上淚流不止，有的是因為伴侶外遇導致形消骨立、自信全無，有些則是因為性生活不協調遭受重創；我們決心在盡力醫治康復私密處結構的同時，對於患者的心靈更要給予支持和照顧，因而造就了本書的雛形。

　　在就診的同時，很難將心底深處所有的洋蔥撥開予以解脫，但若只康復了私密結構，未協助求診者重建女性覺醒與自信，那麼對於性、愛、關係的營造，還是僅

限於局部。所以我將多年來在私密領域及關係治療的經驗分享在本書中，期望能在實質概念及自我覺醒的路上幫助更多女性，而我本身在行醫以及治療求診者的同時，從求診者身上學習到許多，也成為一個更喜歡自己，具有正能量，樂於分享的療癒者。也期待有更多對於此領域有興趣的醫療人員投入，造福更多的女性朋友。

　　一路走來，非常感謝許許多多在關鍵時刻給予我協助及建議的貴人，也非常謝謝我每一位患者及客戶，你們就是我最重要的老師。更謝謝曾經在私密領域指導過我的老師們。有了你們跟我一起努力，幸福再造不是神話。性福烏托邦指日可待。

李伯寧

目錄 *Contents*

Part-1　要幸福，「關係」很重要

要性福，「構造」要顧好

✛ 這世上唯一沒有理由的 *3* 件事
神、愛、性

在進入正文之前，我們要先導入一個最重要的中心思想——世界上有三件事沒有理由，一是神，第二個是**愛**，再來就是性，這三件事無法被批判，因為它們沒有**一定的邏輯與原因**。對一個人的愛及付出，往往沒有理由且難以分析，也可能明知道他不是對的人，卻還是發生了關係。

在私密康復或整形的領域中，很常遇到求診者為了想讓一個人愛上她，而去做美型手術，在這些狀況的諮詢上，醫師或諮詢師很容易落入批判的角度，但在我當了 V 醫師 (私密美型康復醫師) 之後，學會了一件事——不要去批判求診者為何要這樣做，只要不會造成生理功能出問題、不是病態、不會造成精神及心理異常或壓力，只要能幫助男女、夫妻關係往正面的方向走，家庭美滿快樂，那麼這個治療或改變對求診者就是好的。但前提是求診者必須很確定自己想改變，因為整形手術一旦做了就回不去了。

第二個重點中心思想則是——**所有的改變必須是「為了自己」**。這很重要，因為若只是為了追一個男人

去整成大胸部或他想要的樣子，萬一分手，那傢伙會離開你的生活，但大胸部還黏在你身上啊！你很可能會因此而變得不喜歡自己。這本書是為了替女性解惑、也是一本讓女性自我覺醒的書，也是讓男性更理解女性的書。我想要告訴女性朋友們，無論是做臉、做頭髮，還是任何的醫美或整形都不要為了別人而做，而是要為了自己。

性福真的等於幸福

　　根據一項全球性愛調查，台灣人一年平均做愛 80 次，遠低於全球做愛平均次數 103 次，是世界倒數第四名；國人性高潮的比率則為 24%，也遠低全球平均值的 35%；性伴侶人數是平均一人 6.9 位，光看數字好像有點驚人，但其實以全球統計來說算低，全球平均一人的性伴侶人數是 10 位以上，中國大陸更高達 19.3 位。所以我個人不太建議只有體驗過一位性伴侶就定終生，這並非鼓吹性亂交，而是要有適當的「採樣」與嘗試，為什麼會這樣說，是因為在擔任私密康復醫師，長期治療這些私密問題，我們發現性事真的有分天生合拍跟天生不合拍的狀況。

假設合拍，會很容易產生「化學反應」，只要跟他在一起，就很想觸碰、撫摸他，然後兩個人一對看就受不了，馬上乾柴烈火、魚水盡歡—這件事情，很·重·要！我們在做關係治療諮詢時，發現如果性關係融洽，就算經濟狀況不佳、遇到多大的困難，感情也不會有太大問題；反過來說，假設兩個人的家世、外貌、學歷等等都是匹配的，但感情卻不好、吵架打架樣樣都來，深入探討的話會發現他們的性關係通常發生了問題。

「性」就跟「吃」一樣，是生活品質的一部分，以前父母、甚至阿公阿嬤的年代，性品質比較不要求，但也沒什麼不行，你也可以吃飽就好，就像有人吃路邊 50 元炒飯就 OK，有人愛吃法國料理搭配紅酒，但到底要吃什麼料理，必須由兩個人去協調、討論，而不是只單純遵照某一方的意願，久了還是會出問題，對吧？

「性」不可恥，是生活品質的一部分

在東方，對於性的觀念還是趨於保守，很多思想傳統者會抨擊一些比較開放的性關係模式，認為「我父母那時候豬油拌飯就吃飽了，為什麼現在要吃法國餐？」

這種批判思維是沒有幫助的，因為現在世代已經走到吃法國菜，甚至是吃 buffet 或是台南小吃一條街吃到飽的模式，舉凡 3P、轟趴都已經出現了，那表示我們飲食文化、性文化在改變，這是實際上的世代演變。

性這件事，在人生中非常重要，我們對於任何「性、愛、關係」產生的狀況、現象跟問題，無論是發生在他人或者自己身上，都不應該批判，只要不殺人放火、犯法或傷害他人就好，我們要做的是用同理心去理解，去想為什麼對方會有這樣的行為和想法。比如說經歷一段很爛的感情，你很可能會生氣罵自己是白癡，我怎麼跟這種爛人交往！但是既然事情發生了，當下就是體驗，先停止批判自己，再漸漸不批判對方，不批判之後，就會有冷靜和諒解，才能去思考為什麼人會有這樣行為。

對於自己及他人，在性、愛和關係上，若沒有存心互相傷害，請不要批判，並且保持同理心。在這本書裡面，我希望帶給讀者的是一個概念的啟發，幫助你與伴侶之間的關係更加和諧，讓你更愛你自己、更喜歡自己，讓你更有自信。

Part- 1

要幸福，
「關係」很重要

和伴侶之間，有時是那麼地親密與了解，

但時而又會發自內心怒吼對方腦袋裡到底裝些什麼。

這個篇章，李伯寧醫師將告訴你，

那些你一直無法理解的行為，其實都其來有自。

現在，放下你的批判與刻板印象，

開始重建你們的關係吧。

1 「男重性，女重情」是原廠設定

　　無論是網路還是書籍中，有一大堆文章分析著「男女大不同」、「男性是下半身思考」、「體貼是女性特質」……這些現象我們都能從自身或身旁友人的經驗中獲得證實，但究竟這真的是天生的嗎？是男人／女人的原罪嗎？第一篇文章，就讓我為男女的情感內建設定來做點淺顯易懂的解釋。

男人女人的感情習性是基因使然

　　在遠古時代還是穴居的時候，男人們負責出去打獵，成群結隊地坐在河邊、草叢裡等著獵物上門，模式就是習慣群聚、靜靜坐在一個地方看守，這樣才能獵到獵物；延伸到現代，男人們常常會坐在一起看球賽、喝啤酒，卻不太聊天講話，頂多進球時集體歡呼，這是他們從穴居打獵中習得的經驗──多話會打草驚蛇，獵物會被驚擾，所以男人潛意識喜歡群聚但不講話，但會窩在一個地方看同一個東西。

　　舉個簡單例子，女人常常會覺得男人很奇怪，明明兩對夫妻彼此都認識，老公們出去喝酒兩三個小時，回

家時老婆問他：

「某某某老婆最近好不好啊？」

「不知道。」老公回。

這回答讓多數老婆超吃驚，怎麼可能出去喝酒幾個小時，結果什麼都沒講？因為男性聚在一起很少談論太有意義的話題，不太會聊彼此私生活或太專業的內容，原因就在於他們內建比較強的防禦心，會害怕洩漏太多資訊，導致本身受到獵物攻擊或獵物跑掉。

但是女人不是如此，遠古時代男人出去打獵時，女人大多待在洞穴中，可能會進行編織、照顧小孩、生火煮飯等等的活動，這些穴居女人必須要互助，結成一個小型社會才能生存。而身處在這樣的女人社會中，就得學習分享資訊，像是哪裡的水比較乾淨啊、誰家老公比較會打獵啊……所以女人會知道隔壁鄰居家的一堆八卦，甚至會知道得比她老公還多，這就是穴居女人遺留的行為模式。所以延伸到現代，身為女性的我們就很喜歡交換訊息、互助、談心分享……。

在一段關係中，男女真正待在一起談心的時間其實不長，或許女人跟閨密講話的時間都比跟老公還多；有時候女性會很想聽聽男性的意見，可是男性通常說不出來，他們習慣直接行動。

男人把性擺第一，女人追求關係

這理論也能延伸到男女對於情感金字塔中「性、愛、關係」順序的不同。**男性為了求生存、繁衍後代，會把性建構在第一順位**，這也是為什麼多數男性看到女性，第一個想到的全都是性、上床，再來才是關係和愛；而**習慣穴居的女性，如果遇到一位男性，會下意識開始想像跟對方組織關係的遠景**，接著才產生了愛，最後才是性。

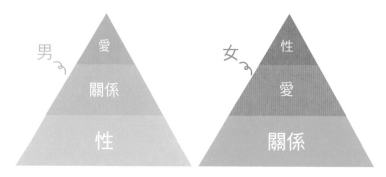

　　這個理論非常重要，也是為什麼我想寫這本書的主因，因為我發現女性一旦面對感情困擾，就會突然喪失原本很好的社交及溝通功能，例如她男友或老公外遇出軌、偷吃背叛她，女生可能那幾個月都沒有辦法好好工作，身心受創，但相同一件事放在男生身上就很不一樣，男生可能找他朋友出去喝酒喝到掛，隔天照樣上工。

　　因為女性在遠古時代就很仰賴關係的諦結，所以女人會編織出很多關係、編織幻想遠景，當感情發生變化，受到衝擊，整個幻想及童話故事都會崩毀；可是男性不是，男性一開始的想法就是我想上你，我要捕捉到獵物，但如果最後你不喜歡他，他腦中的直覺反應就是獵物跑了，那只好繼續等下一個。

　　一段關係的崩毀，女性受到的打擊遠比想像中深遠，是牽涉到身心靈的重大打擊。藉由身心靈的康復，能激發出女性的自我覺醒，可以幫助女性建立自信心、重新拼湊起破碎的未來想像。

關係的定位很重要

關係跟愛是兩件事，東方人對於關係的定義太過簡單，這也是目前社會中，飲食男女紛紛擾擾的主因。很多東方女孩常認為，跟一個男生上過床，對方就是男朋友了，而男伴卻不一定是這樣想的，造成很多女孩的懷傷和憂思。而歐美人對於「關係」分得很細，比方說：

✚ I'm seeing somebody ／我對某人有點興趣：代表我現在還沒有一對一，只是跟他出去吃個飯。

✚ I'm dating with him ／我跟某人開始約會：就是我開始專心，只跟他約會（也可能發展到上床了）。

✚ I'm sleeping with him ／我跟某人上床：這不代表我在 dating 他，也可能是炮友。

✚ He is my boyfriend ／他是我的男朋友：這就是認定有感情、有關係、有固定的交往模式，甚至可能見朋友家人。

✚ We are living together ／我們同居：這個就是只差一張紙，還沒有結婚的狀態。

✦ We are engaged ／我們訂婚了：就代表已經求婚，
  但還在準備。

✦ Marriaged ／結婚：雙方已有婚姻關係。

✦ We are separated ／我們分居：維持婚姻關係，但
  現在不住在一起。

也有 We are divorced, but still live together（我們離
婚了，但住在一起），這種聽起來有點奇怪，但實際上
國外有很多案例喔！假如跟外國人交往，大部分會很清
楚地跟你說明他的感情狀態（這也是為什麼現在臉書有
愈來愈多的感情狀態選項）。

亞洲人對性的定位太過狹隘，男女關係的概念教育
又不好，導致「性」隨著時代愈漸開放，但是對於關係
的定位概念卻沒有進步。像是網路論壇感情板裡，很多
男女都在跪求解答：「我有個對象是獅子座，已經單獨
出去好幾次，甚至有牽手，但是他沒有說喜歡我，也沒
有提正式交往……」

　　定位不明、曖昧不明、搞不清楚狀況的男人很多，很多男性去追求女性的時候不清楚自己現在的定位，很有可能正在跟老婆談離婚，但還沒有離婚，然後又去交一個女朋友，這會引發很多問題，很多時候女生就不知不覺成了小三或通姦罪被告。

　　東方男性對關係定位有畏懼，因為害怕給承諾，但事實上有了關係之後，愛也有了、性也都 OK 了，接著本來就是要付出、給予對方承諾。愛、性、關係的順序在男女相處基本上不同，所以為什麼我們要去理解「性」為何物，因為趨動男性跟你搭訕、扯東扯西、借東西……一開始都是為了性；而女性會開始跟你曖昧、在意你、回應你，都是因為你能給她美好的未來關係想像。

　　一段關係要好，除了性之外，雙方對彼此的定位必須非常符合、愉快，不要害怕去談，如果對方讓你疑惑、沒有安全感，就勇敢去溝通吧。

2 + 寶貝，你讀得懂我的語言嗎？

這一篇我想談談「愛，Love」。曾經有位朋友告訴我他在書上看過的理論，他說：

「兩個人相處，從朋友、交往、婚姻這些階段，要走得長久，你們的語言必須相同。」

「語言？啊不就都說中文或用英文溝通。」我很疑惑。

「不是，我指的是『愛的語言』。」之後他傳了一個測驗給我。

朋友傳來的測驗是美國一位婚姻諮詢家 Gary Chapman 寫的書，台灣翻譯為《愛之語（The Five Love Languages）》，裡面有一句話說：

「每個內在小孩，都有個『情緒箱子』等著被添滿愛。當一個孩子真正感覺到被愛，他才會正常地成長。但當箱子空了，就會出現問題行為。多半的問題都是由於『空箱子』的渴求所激發。」

我覺得他的理論很有道理，也適用在愛情之中。因為每個人最初學習「愛」的途徑，便是從原生家庭開始，

但即使是在同一個家庭成長，也可能說著不同的愛的語言，會依照個人的性格、成長經驗而不同。如果我們願意去察覺、學習對方主要的愛的語言，學會用對的語言溝通，填滿對方內心的箱子，那麼相處起來就更容易、不會出錯了。

愛的 5 種語言，找出你的母語和第二語言

簡單說明一下，愛的語言大概區分為五種：

❶ 肯定言詞／ Affirmation：

讚美，是人類內心最深層的渴望，馬克吐溫曾說過：「一句恭維的好話，我可以多活兩個月。」人都需要肯定，無論是誰，只要被讚美內心一定都是開心的。主要語言是肯定言詞的人，會希望得到鼓勵、讚賞的正面評價，並需要對方用言語告訴他，他對自己有多重要（如：我需要你、我愛你之類的話語）。

❷ 接受禮物／ Receiving Gifts：

喜歡收禮物的人，認為禮物是對方愛他的象徵。假

設伴侶的愛之語言是喜歡接受禮物，不必擔心需要打腫臉充胖子，因為禮物的形式和價值不是重點，而是表達愛意的方法。

③ 服務行動／Acts of Service：

指的是希望對方做到他的要求（但有時這些要求只藏在心裡……），希望對方想方設法替他服務，甚至做出一些小犧牲，藉由替他服務來表達愛意。例如：跑腿、親自下廚做飯、幫忙分擔家事……。

④ 有品質的相處／Quality Time：

主要語言是有品質相處的人，會希望兩個人在一起的時間能夠很專心、專注在對方身上，而不是在電視、手機、平板電腦上。相處的時間長短不拘，只要能在時間內盡情交換情感上的注意力，仔細傾聽、深情款款那就對了。

⑤ 身體接觸／Physical Touch：

就是字面上的意思，諸如牽牽小手、摸摸頭、溫柔

的擁抱等等都含在內。以身體的接觸為主要語言的人，有時候一個吻、一個擁抱就勝過千言萬語，對他們來說，與其用說的寫的，不如直接做出行動表達愛意。

大部分的人會有一種語言的分數會特別高，也就是愛情母語；而還會有分數第二高的語言，便是你的第二語言。舉例來說，有些女人很喜歡被送禮物，無論是有形、無形的都很喜歡，假設今天遇到一個男人很喜歡用送禮物表達他的愛，那這樣他們兩個就會很合，在愛情中講同一種語言。

有些求診者會跟我抱怨「為什麼我男朋友都不送我禮物！」那是因為你沒有釋出你愛講這種語言，我們發現，常常被送禮物的女生，通常都很會許願，比方她會跟男友說：

「比鼻，我現在在存錢，因為想買一隻 iPhone。」

她天天都往許願池許願，如果恰巧碰到一個男友是講送禮物語言的，當然全部都願望達成。

　而如果愛情母語是要有品質的相處的人，不見得要伴侶天天陪在身邊，但是沒辦法接受伴侶在跟她講話或見面約會時，分心做別的事，沒專注在她身上，這件事就是大忌！而以肢體接觸為語言的人，很喜歡摟摟抱抱、親吻。假設你主要的使用語言是以上這兩點，很可能就會希望對方在見面的第一時間要有肢體上的接觸，例如擁抱、牽手等。

愛的語言＋關係＋性，缺一不可

　我推薦了很多朋友和求診者去做這個自我量測，找出你的母語和第二語言很重要，當你在 seeing somebody 或 dating somebody 的時候，可以看看對方是不是講跟你相同的語言，又或者你知道了對方的語言，你是否願意學習，這樣彼此在愛情中才能溝通無礙。已經固定交往或結婚的人，更該去互相理解，也必須告訴你的伴侶，讓他知道你的愛情使用說明書，但切記，**不要想去大幅改變對方使用的語言，因為這是天生的，你所能做的就是調整及溝通、理解。**

　　上一篇提過男女關係的金字塔，男人在堆疊金字塔的時候，一定要從好的性開始，那麼第二層關係，就是要有好的關係定位，最後就是看你們兩個人是不是講同一種愛的語言，性、關係、愛的語言這三塊積木缺一不可。試想，這三塊積木裡面，如果在床上很合，關係定位也明確，可是在愛的相處上是一個「慘」字——假設我的語言不是想被送禮物的，但你一直送禮物給我，是也不錯，但就沒有搔到癢處；又，如果我很想要收你禮物，但是你就是死都不送我，肯定抱怨到天邊！

　　夫妻情侶之間，對對方常常有很多抱怨，這種時候就是彼此愛的語言不通！在愛的語言上不合，最後的結局很可能是分手，不然就是貌合神離；愛的語言不通，不像關係和性能馬上就發現不對勁，而是從生活中的各種不滿開始累積，最後爆發時通常最為驚人。在處理一段感情關係時，首要步驟便是回頭確認感情金字塔的架構是否穩固，當這三塊積木都架構好，你們就會共同擁有一段很好的關係。

3 + 柯立芝效應

前面兩篇講過「關係」和「愛」，接著該進入這本書的主要重點「性」。說到性，不得不提的是「柯立芝效應（Coolidge effect）」，很多科學家曾對於雄性動物與雌性動物的交配喜好做了觀察討論，發現雄性動物傾向去交配不同的雌性動物，以獲得大量繁衍後代的機會。而稱作柯立芝效應的原因，是與美國總統柯立芝的一個小故事有關：

卡爾文・柯立芝（Calvin Coolidge）是美國第三十任總統，有一次他和他的夫人一起去參訪美國政府成立的實驗農場，柯立芝總統先在別處開會，總統夫人則進到養雞場參觀，發現有一隻公雞不停地跟母雞嘿咻，於是問農場主人：

「這隻公雞一天要交配多少次呢？」

「很多喔，每天都大概 10 到 12 次吧。」農場主人回答。

總統夫人想了一下，說：

「那等總統到這裡的時候，把這件事告訴他吧。」

　　不久，換柯立芝總統來參觀養雞場，農場主人便傳話說：

　　「總統夫人請我告訴您，這隻公雞一天會跟母雞交配12次。」

　　柯立芝反應非常快，便反問農場主人：

　　「那請問這隻公雞都是跟同一隻母雞交配嗎？」

　　「沒有啦，每次都不一樣，12次都是跟不同母雞。」農場主人回答。

　　於是，柯立芝總統笑笑的說：

　　「請把這件事告訴我的夫人。」

　　這就是柯立芝效應的由來。科學家們曾把一隻公羊跟一隻母羊關在同一個空間，那隻公羊跟母羊只會交配五次，超過五次後就拒絕交配，公羊甚至開始攻擊母羊；老鼠也是一樣的情況，如果都是同一隻母鼠，就會拒絕再度交配，但只要換了一隻母鼠，不管公鼠之前採滾輪踩得多累都還是會跟新母鼠交配，直到筋疲力盡、精盡鼠亡。

對同一個對象厭煩，是基因造成的？

這代表哺乳類動物中，雄性動物天生就有厭煩與同一隻雌性動物長期交配的傾向，這一篇介紹這個效應，不是要告訴你外遇、找女朋友是合理的，而是要告訴你，在性的過程中，這是人類既有的基因背景，我們必須想辦法改變這個現象。如果你們之間的性已經變得平淡乏味，又不願意改變，甚至每天都打扮得一樣、小腹愈來愈大、腰圍愈來愈粗，男性先天的基因就會不自覺想作怪。不過柯立芝效應也不一定只發生在男性，女性也會有對「習慣的性」厭煩的傾向，你可以想像看看，假設跟同一個人睡了 20 年，你的性幻想對象還是他嗎？

那麼，性能夠常保新鮮的重點是什麼呢？除了第二章我們會談到改善身體結構的衰老問題外，最重要的是**——推陳出新，永遠有不同的新點子，讓對方保持新鮮感**。舉個最簡單的例子，假設有個東西很好吃，但每天都吃，你有辦法永遠都喜歡吃嗎？一般人都不行吧，所以你必須要讓對方心甘情願、自動自發地想吃，將彼此的生活品質提升、讓生活有點變化。

✚ 夫妻一週要做愛幾次才算正常？

很多夫妻問過我這個問題，但我只有一個答案：「不一定。」問一個禮拜要做幾次，這是交功課的心態，因為老師規定所以怎樣都要做到。這種想法不對，如果想認真經營關係，不應該追求次數，而是努力讓性生活品質的提升，讓彼此能發自內心享受性，品質提升了，次數自然也不會少。

對抗基因中的柯立芝效應

　　你可能會問：「李醫師，你說得簡單，但實際上到底要怎麼維持新鮮感？」其實每個人適用的方式不同，但比較實際派上用場的方法，有以下幾個例子可以參考。

❶ 講講鹹濕，升高調情的溫度

　　亞洲女性的心性比較保守，不太喜歡談閨房內發生的事情，但其實男人很喜歡聽鹹濕的話題，只要是三個人以上的男性聚會，無論知識水準或社經地位高低，黃

湯下肚之後全部都是 dirty talk，講一些性啊、黃色笑話等等。和伴侶講鹹濕，就是一種調情，亞洲女性對調情這件事絕對可以有更多空間，而且只要用嘴巴講而已，不用花太多力氣，例如遠距離戀愛，甚至可以 phone sex（電話或視訊做愛），這些都是維持情趣的方法。

❷ 與伴侶討論性幻想

每個男人的性幻想都不一樣，有人喜歡大胸部、有人則喜歡平胸；有些男性對空姐有偏好，有的則喜歡制服妹，你可以跟對方聊聊，或甚至你也可以跟他一起看個 A 片，了解他到底都看些什麼。我知道你現在心裡在驚呼，但別忘了，A 片也是有一番學問存在，是研究了男性的心理才發展而出的產品，不是嗎？所以我會鼓勵我的求診者和伴侶討論性幻想。

如果你沒有聊，就永遠不知道對方內心的幻想。但知道之後不一定要配合他，假設你沒辦法接受，也毋須勉強配合，可是一旦了解對方，就可以知道什麼樣的裝扮或東西最能引起他的性慾。因為我們總有一天一定會

走進柯立芝效應的迴圈中，感情一定會漸漸平淡、然後厭倦。所以如果可以走進對方的性幻想，成為他（她）幻想中的女（男）主角，不是很美好嗎？男生的性幻想也不一定很複雜，有時候一雙網襪、一雙床上穿的高跟鞋、一對兔耳朵，就可以讓身邊疲憊的老公再振奮起來……只要你用心聆聽。

❸ 角色扮演

這是從性幻想延伸出來的技巧，現在對性的觀念比以往開放不少，網路上隨便都能找到很多運用道具，像是兔耳朵、尾巴或是紅色高跟鞋、網襪、制服等等。如果不想做得太誇張，也可換換髮型、買新的性感睡衣、換個化妝方式、噴新的香水……這些變化都不難，但可能會讓對方感覺好像換了新的老婆或女友，學會變換新造型，是能讓你克服柯立芝效應的技巧之一。如果能抽空去逛逛較有規模的情趣用品店，相信能找到很多靈感。

❹ 場地更換

　　每次都在家裡的同個房間做愛，做久了也會沒勁吧！偶爾在客廳、廚房，如果是和父母同住或是家裡有小孩的夫妻，也可以到摩鐵、飯店換換口味，避免做一做就看到奶瓶尿布躺在旁邊，想到等下還要再重複餵奶、洗奶瓶、洗澡……就性慾全消的窘境。或者兩個人好好地打扮，去吃美味的料理，像是以前年輕約會的前奏，飯後去賞夜景，車上也可以來個翻雲覆雨。

　　曾有個求診者跟我說，有天她的伴侶突然對她提出請求說：「我們到郊外試試看（打野砲）好不好？」這時多數女性的反應大都是罵他：「到什麼郊外，神經病！在家裡做就好，外面有很多蚊子耶！」如果像這樣直接潑他冷水，可能以後他什麼都不敢跟你講了。你應該要先有同理心、理解他的想法，為什麼想這樣做？要怎麼做？幻想的狀態是什麼呢？聊聊看有沒有辦法實現。先有同理心後，對方才會願意跟你分享。

　　最後他們真的跑去屏東賽嘉飛行場進行體驗，兩個

人偷偷摸摸拿著一塊露營布進去，然後咚咚咚幾下就跑出來。事後，女方問男方感覺如何，男方說：「還好耶……有點可怕，怕被發現。」後來就沒再要求過了（笑）。

　　這樣的案例確實存在，所以我們要思考、去面對這件事，不能以衛道的立場來批判。這篇文章要說的是，當你的伴侶跟你說一些你沒想過的事情時，不要急著否定，或覺得他是變態，這個要求多半不是永久的，其實是柯立芝效應的發作，單純想要換個方式試而已。他願意談，而你允許他談，你們才有空間談這些私密的事。

4 + A 片到底好看在哪裡？

很多女性沒辦法理解為什麼男友或老公喜歡看 A 片，因為 A 片就很無聊啊，一個男的遇上一個女的，莫名其妙就開始做愛，一點劇情都沒有，怎麼會有感覺？這就是男女之間很大的不同，莎士比亞曾經說：「男人如果談戀愛，是從眼睛開始。」這句話的意思是男人在戀愛中是視覺的動物，所以他們喜歡身材好的正妹、眼睛吃冰淇淋，他們光用看的，就能輕易引起性慾。

如果你去研究 A 片，會發現兩個畫面佔了最主要的影片內容：

❶ 近拍的女性生殖器

很多 A 片裡甚至會將大陰唇、小陰唇撥開來拍，這點真的讓女性無法理解，是有什麼好看的…？男性對性的刺激跟滿足，就是來自視覺，且愈直接愈刺激，女性生殖器便可以快速激起男性的性慾，這是為什麼有很多女性去做私密處的醫美手術，希望這下面的第二張臉，也能夠粉嫩美麗。

❷ 女優欲仙欲死的表情

女優高潮的表情則能讓男性產生征服感，男性在性行為中追求的並非放煙火射精的那一剎那，而是享受女

性被他征服、被他佔有的快感。如果做愛過程中對方像死魚，就無法引起對男性的性慾回饋。

這兩種畫面能讓男性順利快速勃起、射精，這便是男人看 A 片的目的。

A 片，對於女人來說

那女人呢？問十個女人，大概有九個會覺得男人看 A 片很色，幹麻裝滿一兩個硬碟，到底有什麼好看的？因為女性的性擺在最後順位，要啟動性能量必須先經過關係和愛這兩關，A 片之所以不受女性歡迎，是因為劇情完全沒有鋪陳，就直接進入做愛畫面，這讓女性難以接受。

假設同樣是水電工的劇情，男人會希望按門鈴後 20 秒內就開始做愛，女人可能會希望至少演個 5 分鐘交代前因後果，例如：天氣熱冷氣壞掉，老公脾氣壞又不願意花錢修理，老婆好心幫助樓下搬來的新鄰居水電工，鄰居回報她幫忙修冷氣，兩個人上床——這對女性來說，才是有邏輯、能引發性慾的內容。

　　另外有個案例，有次我去買電器，這家電器行我很常光顧，店長也知道我從事私密康復與性諮詢工作。在結帳時，店長跟我推薦一個很棒的延長線，這延長線除了插座外，還有兩個 USB 孔，可以插手機或其他電子產品，非常方便。他也買了一個給他老婆，沒想到許久沒有親密關係的他們，在收到延長線的當晚，老婆突然表現得很殷勤，店長就嚇到想說，怎麼會送條延長線就能這樣！

　　因為這就是女性要的情境！老公幫她解決了困擾很久的心頭大患，感受到對方對自己的體貼，當然心花怒放，心情好也就有性趣了。說來很有趣，但沒錯，女人就是這麼單純可愛，所以懂得運用情境的男性，在男女關係上會吃到很多甜頭。

Hey, Man ！A片演的不一定都是對的

　　A片的種類千奇百怪，如果向男性發問卷調查，最喜歡看哪種類型的A片？第一名是兩個女人做愛，這表示男人在幻想3P；第二名則是肛交，代表男人其實對肛

交十分好奇。另外男人對於「潮吹」也充滿了幻想，喜歡看 AV 男優用手指搓一搓陰蒂，女優就到達高潮、湧出愛液。所以很多男性為女性進行前戲或口交時，很喜歡用手指直接刺激或搓揉女性的陰蒂，但其實這個動作很容易引起女性的不適及反感，根本引不起潮吹。

也有很多 A 片會使用情趣用品，或是 SM 情節等，我曾經半夜多次被 CALL 進急診室，從陰道拿出一堆你想都想不到東西，諸如像橘子、雞蛋（撿雞蛋殼）、高爾夫球、七龍珠……什麼都有。另外還有一種情況，是女性隨手以棒狀物品自慰（例如：小黃瓜），結果斷掉，留在陰道裡無法取出，只好送醫。

使用情趣用品、性愛玩具並非不好，但不是只要把東西放入陰道，都能讓女性產生快感，A 片中的女優是演的！原則上，要使用情趣用品或其他道具，應該：

- 對方要有意願，不能用強迫的方式。
- 對方能真正感到開心，而不只是迎合男方。
- 不可使用會破壞器官的物品，以免造成傷害。

✚ 正確的前戲步驟

正確的前戲能讓女性成功進入暖機興奮的狀態，等到陰道內潤濕程度足夠時，再將陰莖輕柔緩慢地放入，便可在放鬆的狀態下享受魚水之歡。必勝步驟如下：

1. 用乾淨的手指往陰道前壁內刺激約 3 ～ 4 公分深的 G 點。
2. 以環形按摩的方式讓 G 點濕潤膨大。
3. 交替刺激陰蒂與 G 點。

太常使用情趣用品會性冷感

　　情趣用品的使用還有一些需要注意的地方，許多單身女性因為沒有對象，會以情趣用品自慰，像是跳蛋或人工陰莖，雖然私密處有使用比沒使用好（較能維持敏感度及健康），但如果**經常以情趣用品自慰，會影響到身體的快感感受模式**。有些人會以為自己性冷感，會想說：奇怪，每次自己自慰都能感覺到快感，但跟老公男朋友做愛就是沒有高潮。

　　基本上，情趣用品主要刺激兩個部位：陰道和陰蒂，舉例來說：跳蛋的震動頻率比真人的震動頻率高，如果習慣以這樣快速的頻率達到高潮，當你改用真的人體、真槍實彈上場時，反而很難直接達到高潮；女性的高潮像是馬力加速，是一階一階往上疊加，當你已經習慣開高速檔，一下換用低速檔，那頻率絕對會讓你不適應。所以假如有性伴侶，大部分性行為還是以性伴侶的頻率或模式為主，倘若是單身女性想要自慰，會建議你用手進行，再以機器輔助，較仿同真人的性愛節奏。

　　男性自慰也是一樣的道理，打手槍跟做愛的頻率不同，打手槍射精的速度很快，大腦會下意識被暗示、記憶住這樣的節奏。有些青少年早期為什麼容易會早洩？其實並不是因為腎虛，而是因為大腦已經習慣這個節奏，在房間 DIY 時會擔心媽媽發現，常常 3、5 分鐘就射出來，導致後來無法進行長期性愛。所以才有人說過度的打手槍會造成早洩。

5 + 直男也愛小菊花？

對於「肛交」這件事，在亞洲男女的世界屬於比較隱諱的話題，但是大家可以私底下問問閨蜜，可能有超過九成以上的台灣女性一輩子中，至少有一次在床第被提出想肛交的要求。通常女性被提出或被暗示想要肛交大概是以下兩種情況。

情況一

你和老公坐在沙發上有一搭沒一搭地邊看電視邊聊天，電視節目中在討論特殊又荒謬的性愛姿勢，你們笑得很開心。這時候，老公突然丟了一句：

「欸，不然下次也來試試看肛交。」

你剛吞下去的水差點吐出來，馬上說：「你神經病啊！」

老公只好尷尬地笑笑說：「開玩笑啦，那麼認真幹麻。」然後轉移話題。

情況二

某天休假日的早晨，你們在床上進行你儂我儂的魚水之歡，從傳教士姿勢準備換位背後式，你等著男友硬

挺的下體進入體內……咦？等一下！感覺怎麼不太對？

「欸欸，你在戳哪裡？不是那個洞啦！」

「……喔，不小心弄錯了啦。」男友吐了吐舌，默默從你後面的洞移往前面的洞。

看到這裡的你，是否覺得好似曾相識的場景呢？沒錯，在現實生活裡，其實很多人都被揪過，包含我的求診者、女性朋友們，大部分人都被另一半有意或無意的邀約過，所以表示：這應該是一件需要被討論及正視的事情。

客倌們誤會大了！肛交的迷思

女性（甚至有些男性）對「肛交」的印象反應大都是：「什麼？那不是 GAY 才會做的性行為嗎？」「那裡不是大便的地方嗎？」「肛門洞那麼小，會很痛吧……」

我們要澄清三件事情：

❶ 喜歡肛交的人都是男同性戀 ➜ 錯

　　曾有女性朋友向我哭訴，老公想跟她肛交，該不會其實老公是 GAY ？是因為父母的關係才跟她結婚生子？錯錯錯，請冷靜一點，**肛交跟性取向一點關係都沒有，直男也會喜歡肛交**，在外國尤其常見。根據統計，有 2 ～ 3% 的東方女性有肛交的經驗，在美國則是 20%；若不管這統計，光看國內外男生看的 A 片裡面，肛交片的點閱率很高就能略知一二，肛交對男性來說，不只是快感和緊緻度的不同，還有「征服」所帶來心理層面的快感。

❷ 肛交的時候會沾上糞便，很髒 ➜ 錯

　　事實上在進行肛交時，陰莖進入的深度部位是沒有大便的，充其量只有一點殘渣。通常我們有便意到真正排出來的這段距離，會比陰莖的長度還長，並非一般人所想像肛門內都是糞便的狀況。如果擔心感染或不乾淨，可戴上保險套加上潤滑劑進行。

❸ 肛交對女性來說沒有快感 ➡️ 錯

　　我們都知道，性交對於男性而言是愈緊緻愈舒服，肛門的緊緻度比陰道高很多，相對的對陰莖的刺激度更強。那麼，對女性來說呢？很多女性第一直覺都是，肛門洞那麼小，放進去一定很不舒服，但肛交對女性而言是有快感的，因為肛門周圍有很多神經，而這些神經與陰道、G 點等性交的快感神經相連，根據統計，有 90%以上的女性可以從肛交獲得快感。

　　女性藉由肛交與陰道性交產生的快感強度跟模式不同，陰道性交的快感像爬坡，愈來愈強地漸漸攀升，最後像放煙火般達到高潮（骨盆腔環形強力收縮）；肛交則是電擊式的點狀快感，有點像是敏感帶，只要被適當觸碰就能達到快感。

肛交前，你要注意的事

　　陰莖在肛門內的抽插模式跟放在陰道時不同，肛門周圍有很多微血管，在行房過程中很可能會出血，因此肛交

千萬不要找陌生人、危險性伴侶，最好是跟老公或交往很久的伴侶，要不然可能會有血液汙染、傳染的疾病；進行前需要溝通、有共識，不應該行房到一半時就突然滑到後面去，想強行進入，並不禮貌也不尊重對方。

肛交跟一般性行為一樣，都需要技巧，男生本身要溫柔，且要知道程序；女生則要放鬆心情，因為肛門是括約肌，神經緊繃時括約肌會緊縮，陰莖就無法順利進入。但進行肛交之前，以下這些用具需要事前準備：

1. 保險套
2. 塑膠針筒（20cc 或 50cc）
3. 肛門專用潤滑劑或一般的 KY JELLY（水性潤滑液）

準備完成之後，步驟如下：

1. 針筒裝少許水，針頭擦一些潤滑劑，將水打入女生的肛門內做清潔，打入後先緊閉肛門，再將水排出，大約做 2 ～ 3 個循環即可。
2. 男生用手指（指甲需剪乾淨）沾潤滑劑，潤滑肛門口，同時進行前戲。

❸ 當感受到外括約肌跟內括約肌呈現很鬆的狀態時，將手指放入肛門，若容得下一整根手指，就可以順勢將已戴上保險套的陰莖放入。

❹ 因為保險套的摩擦力較大，可搭配潤滑劑，且抽插速度必須比較慢，不可像陰道性交時那樣出力衝刺，要配合女生，是讓對方能感到舒服的律動頻率。

有些人可能會擔心只用針筒清潔不夠乾淨，會想使用甘油球，做一些類似浣腸的動作，但我個人不太建議浣腸，因為很可能會在行房過程中覺得肚子不舒服、想上廁所，影響性愛品質。如果你們的性愛套餐中，想一次進行陰道性交跟肛交兩道菜，必須先做完陰道性交後再進行肛交，順序不能顛倒，也不能交叉進行，否則容易造成陰道感染；換言之，肛交完之後就結束這次的性行為。

我一直很強調「閨房私密事應該避免批判」，如果對方對某個動作或方式有興趣，可以兩個人聊聊、甚至

嘗試，假設有一個人不喜歡那就算了，但要是雙方都能接受，也很喜歡，那就變成你們性愛套餐中的另一道新菜，何樂而不為呢？這也是反轉柯立芝效應，為彼此帶來閨房新意的好方法。

✚ 有關肛交的小疑問

Q1／經常肛交對構造會有影響嗎？

第一次進行肛交後的前一兩天，女生可能會覺得肛門有點不舒適感，因為性交時被撐開，所以可能比較容易排氣，但過幾天就會恢復正常。

Q2／有看過新聞報導說肛交會引發大腸癌？

大腸癌跟肛門癌的形成和肛交基本上沒有直接相關，比較有關係的是肛裂，假設男伴不夠小心溫柔，就有可能引發肛裂出血，容易感染疾病。

Q3／肛交會懷孕嗎？

當然不會，所以有些情侶在肛交時因為沒有避孕的考量和疑慮，雙方可以在射精和行房的過程享受到比較多的樂趣。

6 + No Comment is the Best Comment

　　我們人體裡面有兩組荷爾蒙，一組是壓力荷爾蒙、一組是幸福荷爾蒙。壓力荷爾蒙包括腎上腺素、皮脂醇，幸福荷爾蒙最重要的是多巴胺、催產素跟腦內啡，而性愛是刺激腦內啡分泌的最好方式，不但可以抒壓，還能幫助皮膚變光滑，甚至能幫助睡眠、增強免疫力。

　　由此可知，性生活的好處不少，但是假如你跟老公男友做愛做得很好，但性愛之外的時間都要煩惱你們的相處關係，那也是很煩。我們希望女性除了能有好的性，在愛跟關係營造也要照顧好。所以這一篇我想特別談一下男女之間，愛的關係跟性的營造。

妥當他的心，要在晚餐之後

　　我的演講題目中，有一個很受歡迎的主題，叫做「三段式馭男術＆五分鐘馭女術」。三段式馭男術是這樣的，一個成年男性每天的時間大概能分割成三大塊：

- 早上 8 點到晚上 8 點──工作時間，創造男性的自尊跟社會地位。

- 晚上 8 點到晚上 10 點——晚飯時間，填飽肚子與放鬆。
- 晚上 10 點之後——睡覺時間，和伴侶的親密接觸與休息。

我們對女性的建議是這樣，在男性的優先順序中，他最看重的其實是「晚上 10 點之後」，如果可以在這段時間把他處理得妥妥當當，那基本上你在這個男性的心裡的分數大概能達到 85 分。

再來是晚飯時間，你能夠做菜給他吃、陪他吃飯或是找個好餐館，但注意，吃飯時不要嘮叨！記住，No comment is the best comment，不要囉嗦就是最好的回應。很多女性敗在這一點，容易在飯桌上開始嘮叨，想說好不容易看到老公現身就開始囉哩八嗦，這樣就會毀掉 10 點之後的這件事。好好做菜給他吃、陪他吃飯，就是 85 分再往上加，90 分！假設你行有餘力，幫助他的工作、照顧他的父母、打理家裡，那分數就更高，有 98 分，幾乎沒有人能取代！

可是，如果你的思維是反過來，白天工作得很努力，飯也煮得很好，結果耗盡所有力氣，晚餐吃飯時瘋狂抱怨他，晚上 10 點不跟他做愛，那麼很可能會是不及格，最慘零分。相信女生看到這裡都會覺得很不爽，覺得「憑什麼給我打零分！」很多女性求診者來院裡做關係治療，常跟我抱怨哭訴：「他媽媽過世是我去處理的、他爸爸中風生病是我在照顧的，我還幫他煮飯洗衣、生三個小孩，為什麼他現在要對不起我，跑出去外遇？」

也曾有一位求診者，她老公本來對她非常好，她也每天在老公的公司幫忙得很累，導致很久沒有行房，最後她這位好好先生的老公竟然外遇，這很明顯是優先順序有問題，公司的事情可以找人來替代，如果體力無法負荷，可以找人來幫忙，但臥房的事是無可替代的，因為男性的性衝動模式跟女性完全不同，如前幾篇講過的，男性在感情關係裡最重視是性。

「性」對於男性來說是主菜的概念，我們今天進餐廳吃飯，主菜當然要吃好吃飽一點，沙拉前菜差不多就

好了，表現不要求太高。面對男人，結論就是要把他的身心靈餵飽。女性要知道，**在這三段時間裡，唯一不能替代、也不想被替代的時間就是晚飯之後的親密時光**，不要為了協助工作或煮飯給他吃而讓自己很累，結果晚上不想行房。你可以去買便當，但晚上一定要陪他睡覺。很多女性分不清優先順序，了解之後會對你們的關係很有幫助。

妥當她的心，只要 5 分鐘

講完男性，那麼女性 care 的是什麼？下班回家後，很多男人犯了一個很大的錯誤，他們一進門就會問老婆：

「晚上煮了什麼？幾點開飯？」或是「晚上要去哪裡吃飯？」

大部分女人都會回答：「不知道」或「隨便」。

聽到這回答就是你大錯特錯！各位男士們，對，你餓了沒錯，但無論你老婆是在家裡當家管或是從外面工作回來，你都不能先問她晚餐在哪裡？要去哪裡吃飯？你回到家第一件事是要坐在她身邊，抱抱她、看著她的

眼睛,甚至可以摸摸她的頭髮(頭髮是女人的性感帶之
一,但前提是手先洗乾淨),問她說:「BABY,你今
天好嗎?」你的 BABY 會有兩個結論:

情況一

一是「我今天很衰,是個 Bad day。」你就看看錶,
給女生 5 分鐘,不要多,讓她發洩一下不爽的心情,但
重點來了,不要做建議、不要批判她、不要命令她,No
Comment is the Best Comment,此時絕對無聲勝有聲。
你只要抱抱她說:「真的喔~ I am sorry for you(我真
為你感到難過)。」最好還陪著她罵一罵她討厭的事情。

情況二

另一個是「我今天很開心,是個 Great day。」,照
樣看看錶,給她 5 分鐘,不要做建議、不要批判、不要
命令她、不要囉嗦,就算她是去花錢買東西也沒關係,
一樣抱抱她說:「真的喔~ I am happy for you(我真為
你感到開心)。」

5 分鐘之後，你才可以問她晚餐想要吃什麼？這時女人就高興了，回答一定不會是「不知道」或「隨便」。這個相處方式我取名叫「5 分鐘 BABY 聆聽術」，暱稱「保你平安術」。

相信我，絕對值得一試，你會發現，其實女人一點都不複雜。這招是運用愛的語言中的「有品質的相處（Quality Companion）」，要給她一段時間，讓焦點集中在她身上，那 5 分鐘好好聽她在說什麼。但務必要記住，一定要忍住不要給命令、不要亂給批判、不要囉嗦，No Comment is the Best Comment，很重要，請自己在內心默念三次。

7 + 新手父母不性福？

成為父母是人生路途中的某種里程碑，新生命帶來了希望，從兩人世界晉升三四五人世界，更帶來了許多喜怒哀樂。但新婚夫妻在迎接新生命的當下，一定會有很多不適應的地方，也會為夫妻間帶來不少衝突……還記得前面提過的，男人最重視晚餐後的活動，而女人則重感覺嗎？在這裡，我想對想成為或剛成為父母的你們說點話（拍背，我懂）。

成為媽咪之後，還是要愛愛

一旦懷孕，很多人都會問懷孕期可以做愛嗎？初為人母，你可能會擔心孕期做愛會對胎兒有不好的影響，但基本上，**懷孕的時候當然可以有性愛，健康適度的性生活不但可行，還能大大增進夫妻的親密感情**，而且因為不用避孕，反而能讓雙方更放鬆、提高性慾，更能體驗到房事的美好。而且懷孕的婦女因為荷爾蒙的原因，性慾高漲，對於性愛的需求其實更大。

懷孕期間是可以有性生活的（除了陰道出血、腹痛早產徵兆或是其他醫師建議最好避免的情況），其餘只

要把握好「四不政策」，就 OK：

1 不要太深入造成疼痛

2 不要壓迫到腹部

3 不要耍花招

4 不要過於激烈

害怕性生活對胎兒造成危害是沒有科學根據的，在孕期時，只要採取不壓迫腹部的體位動作（湯匙式或十字交叉式），動作力道緩和，便能繼續享受性生活。但有流產高風險的孕婦，還是建議懷孕前 3 個月避免或減少性愛，因為這時候著床較不穩定，容易流產。此外，假設孕婦本身有子宮頸縮短或擴張、出血、腹痛、前置胎盤等狀況的話，也不建議產期間進行性行為。

✚ 哪些孕媽咪不適合愛愛

- 陰道出血
- 早期破水
- 前置胎盤
- 子宮頸閉鎖不全

- 流產或早產的病史
- 重度妊娠毒血症
- 胎盤早期剝離

生產完之後，大概過多久能開始性交呢？如果是自然產，會陰部有縫合，需要等傷口癒合之後，大約是生產後 8 週左右的時間。不過，產後婦女最常遇到的麻煩不是不能做愛，而是「不想」做愛，因為在哺乳時，身體會分泌一種催產素「Oxytocin」，這種激素會人感覺很幸福、很滿足，進而性慾將低，讓人根本就不想做愛。

催產素降低性慾算是身體的自我保護機制，是過去人類在天擇上，為了在寶寶還小的時候，不要再那麼快受孕，才能專心的保護餵養嬰兒，提高幼兒的存活率。因此，很多女性在懷孕生小孩之後，便不想與伴侶性愛，甚至會度過 2～3 年的無性生活，但是現在的環境已經不像過去有那麼多的天敵，所以**若是持續無性生活太長時間，對雙方情感會造成很大的影響。**

媽咪呀，你有多久沒正眼瞧過你老公了

還有一個問題，就是現在育兒因應哺餵母乳，出現一種風潮，叫做：家庭床（family bed），意思就是爸爸、媽媽、小孩全都睡在同一張床上（而且通常小孩是睡在

中間方便母乳躺餵），聽起來很溫馨；但你想像一下，假設你們倆的性慾突然間被撩撥起來，想要開始做愛的時候，旁邊有一個很容易哭跟醒的小 baby，你們還做得下去嗎？做的時候肯定是小心翼翼、沒辦法專心在另一半身上……很可能是偷偷摸摸地做完，或者乾脆做一半就中途離場吧？性愛的品質其實會很差。

這些都是有在養育幼兒的家庭會遇到的事情，如果想改善這個情況，我建議假如家裡還有空間，可以**在旁邊或地上增加一張母子小床，讓小 baby 睡一張床、爸爸媽媽睡一張床，夫妻還是要同床**；如果媽媽需要餵奶，再去母子床餵，餵完再回大床睡覺，會比較理想，而且也可以提高大人的睡眠品質。

我有很多求診者或朋友，會把小孩塞在兩個人中間，小孩一哭，要哄要抱要餵奶，全家人都醒了，媽媽睡眠品質差、爸爸也睡不好，兩個人都煩躁，到最後只好分房睡；可是很多人這一睡，就從小嬰兒睡到到小學畢業還在跟媽媽睡，可想而知，夫妻的性生活就變得很貧乏，

因為**男女就是要睡在同一張床上、有肌膚之親，才會引起性慾。**

很多媽媽在生了孩子之後，把孩子視為第一順位，而老公的位置愈來愈往後退，但是請你想一想，為什麼當初你會願意結婚、願意生這個孩子呢？是**因為你愛這個男人，所以才生了孩子**，孩子是愛的結晶，可是最後你卻為了孩子把這個男人踢走，進而厭煩，這樣子不太對，是吧？

另外一個很大的問題是出在爸爸身上，東方男性對於擔任父職及分擔育兒工作觀念常有偏差。在飛機或火車上，如遇到有孩子哭鬧，大部分照料操心的還是媽媽，爸爸雖然揹負著養家的框架，但較少被賦予育兒的使命。而社會進展至今，大部分家庭都是雙薪，男女的工作量通常不相上下，就算是專職在家帶小孩的女性也需要喘息；如果在育兒期遇到不能體貼分擔或是老大心態的伴侶，很容易讓女性心生沮喪，進而討厭親密關係。所以爸爸們注意了，**你愈體貼，你的老婆就會愈性感！**

餵母乳很棒，但不餵母乳也不代表你不盡責

關於餵母乳，是一件很辛苦的事情，初生嬰兒大約3～4個小時就必須吃一次奶，現在國健局、世界衛生組織以及醫學界也大力宣導媽媽們餵母乳，認為對孩子的抵抗力、身體健康有幫助，這是沒錯的，可是有些媽媽會給自己很大的壓力，認為愛孩子就是要全母奶，所以無時無刻有擠奶或追奶的壓力，或者一定要擠完放到奶瓶裡再餵等等。

說實話，現代人生活工作忙，很多媽媽都是職業婦女，要在原本已經很繁忙的生活中度過育兒期，真的很有挑戰性。哺乳這種事情，你能擠出來就擠，回家能親餵就親餵；假如你真的餵到七葷八素、累得要死，我會建議就好好休息，不要那麼累。當然以婦產科醫生的角度，這樣講可能會受到批評，但是**我不鼓勵媽媽為了哺乳讓自己忍受委屈或疲勞，應該先把自己照顧好，才有力氣把孩子、家庭都兼顧**；就像飛機上的安全教育片，要幫孩子戴氧氣面罩前，自己得要先帶好，才能保護好孩子一樣。

　　母乳中含有母親的愛、豐富的營養以及抗體，可是也含有母親的情緒跟荷爾蒙分泌模式，**快樂的母親才能分泌充滿愛和愉悅的母乳！**

　　如果你生了小孩，發現生活變得更美好、更有希望，那這樣對你的人生就很有意義；但假設你生了一個小孩，卻連愛惜自己的時間都沒有，還把生活、心情，甚至和另一半的關係搞得亂七八糟，我想這樣並不值得，需要重新反思生命的優先順序。人生的經營沒有固定模式，並不是其他人都這樣做，你也一定要跟著做，重視自己和伴侶的感覺，想想當初的初衷，你會找到自己的一套好劇本。

MEMO
Take Down ......

8 + 男人女人都不能寵

很多男人覺得女人很複雜、很難捉摸，常常突然因為一件小事情就對自己生氣，道歉也不對、生氣也不對，明明之前更該生氣的事情就沒生氣，為何要挑今天爆炸？難不成是月經來嗎？

其實女人在不爽一個男人的時候，不是只有單純一件事，而是很多事情累積下來的結果，小事情只是引發爆炸的導火線。但男人永遠不能理解，究竟是如何「累積」而來。

例如老婆已經說過：「杯子喝完就是要洗乾淨，再擺回原位晾乾」，他老兄喝完又隨手丟在水槽，這件事已經做了 10 年，當老婆對他發飆時，他就會不懂為什麼今天會被罵；但對於女人來說，杯子又沒洗只是壓垮駱駝的最後一根稻草，男人前面可能已經做了 100 件讓人抓狂的事了！前面那件大事我沒有發作是我修養好，但你今天又讓我不爽，我就是用這件事跟你發作。這就是男女之間很大的差異。

碎念對男人無效

　　女人一直以為碎碎念罵男人是有效的，但事實上無效。男性的迴路很簡單，記得我說過男人是用眼睛談戀愛的動物吧！他們就是兩隻眼睛各有一個探頭，小鳥（生殖器）也有一個探頭，眼睛線連成一條，再通往生殖器，這樣就結束了。

男人啊，能接收到外部訊息的探頭，就只有兩隻眼和生殖器……

我稱作男性的探頭理論。舉例來說：他今天做了一件錯事，你覺得已經講過幾百遍了，忍不住一直碎念，但男人收到的資訊只有——我老婆生氣了。女人都以為你罵了他，他有聽進去、會反省，但實際上沒有，而且是完‧全‧沒‧有！男人看起來好像知道他錯了，但他其實只知道你生氣了。

他會想：好吧，老婆在氣頭上，怎麼求饒、怎麼說好話也沒用，只好先躲起來，或是下班後跟兄弟們喝酒、不然就今天加班晚一點再回來，先閃你再說。然後，隔了3天，他會試著跟你搭話：

「老婆，你在煮什麼？好香喔！」

這時候女人可能心想：

「哼，在那邊假死！知道錯了吧，看你下次還敢不敢。」

No ～～親愛的，他只是在測試你氣消了沒，他不是因為反省過所以來示好喔！他是來試探今天開始他有沒有好日子過、有沒有飯可以吃、有沒有愛可以做；如果

他來試探的時候，你還是爆炸，就算碰了一鼻子灰、貼了冷屁股，他也不會去反省，只會重覆同樣的方法，一樣閃你，隔個 3 天再來試探。直到你原諒他了，甚至他還跟你保證說：「好，我下次一定會記得。」然後大概最多記得一個禮拜吧，一個禮拜之後，你會發現之前的承諾彷若浮雲，他就是從頭到尾沒有要把這件事留在腦袋裡的意思。

太太們聚在一起總是很容易講起老公壞話，大概都是類似這種內容。但是男人們不是故意沒聽進去，只是非常健忘，因為男性的思考迴路很容易造成這種結果，容易引起許多家庭夫妻間的爭吵，針對這件事，我會建議**不要用碎唸、也不要用罵的，因為他們聽不懂**啊！假設他每次都忘記洗杯子，你就示範，洗給他看，讓他從眼睛視覺看到，或留個紙條寫說：「杯子喝完要放水槽。老婆留」或「不要把小孩一個人留在家。老婆留」，改用圖像示警，效果會好一點，雖然他不一定會反省，但他從視覺記憶到了，保存期限會比較久，你也省得浪費口水。

對你好是我心甘情願，而非理所當然

　　對待男人，不可以成為他的親娘，而是要像好的後母；親娘就是把他疼入骨子裡，事事為他著想，但是好的後母不會，後母會對孩子好，但是有條件、有設定範圍的。如果親娘冒著雨去幫你送便當，你會對他說謝謝嗎？可能只會說：「下雨你幹麻來啦，我可以自己去福利社買麵包就好。」可是如果換成是後母冒雨替你送便當，你會不會覺得也太感動，明明自己就不是他親生的孩子，對吧？

　　這兩者的差別在於，**不要讓對方覺得你做的任何事情都是理所當然**，你是我媽媽你本來就該這樣做。台灣少子化愈來愈嚴重，很多男性都是長孫、長子、獨子，因為家裡的孩子不多，所以父母將全部資源花在他身上，給他吃最好、用最好的，如果他又腦袋聰明，很會讀書，那很可能不知道該怎麼去體貼別人，習慣所有人要對他好、家裡最好的東西都應該留給他吃，這會造成很多大問題。

親娘的理論會養出壞男人，同樣地也會養出壞女人，有些女人結婚或交往之後，就覺得對方有義務要養她、出門都應該要付錢、應該答應她任何要求，對男人予取予求，但任何一段關係都不是單向，而是雙向，沒有人義務要對另一個人好，男女之間的關係應是平等與尊重。

太太們必學，二緊一鬆的後母政策

那麼，該如何讓對方感覺他今天會得到關懷跟好，不是理所當然呢？

這時就必須使出必殺技「二緊一鬆」，簡言之就是打兩下、安撫一下。重點在於不能把對他的好當作常規釋出，比方親娘會想說：

「你再怎樣都是我的小孩，就算再生氣還是要煮三餐給你吃，因為這是我必須做的。」

但後母就是：「如果你不乖，就沒有飯吃。」

你必須很理性的分析，看對方最喜歡你提供什麼服務，例如平常都是你負責煮晚餐，但誰規定一定要煮給

他吃？心情不好不想做飯就不要做，不需要受限於自己添加給自己的責任，只要把孩子跟自己餵飽就好。

要是老公問：「晚飯呢？」你就跟他說：「為什麼我一定要做飯給你吃？做飯很辛苦你知道嗎？要買菜、要煮菜，最後還要洗你的碗。」這時男人的大腦會自動理解：原來老婆煮飯不是理所當然、原來如果我這樣做，就會沒有飯吃、衣服也沒有人洗。他以後就會避免再犯。

不過我要提醒一件很重要的事情——**不要把「性愛」當條件要脅對方**，除了性愛之外，其他方式都可以。因為「性」是男性的第一順位，不能輕易把他的三角金字塔底座剝奪；就跟男性不能一天到晚把離婚分手拿出來說，破壞了女性的第一順位「關係」，只會弄巧成拙。

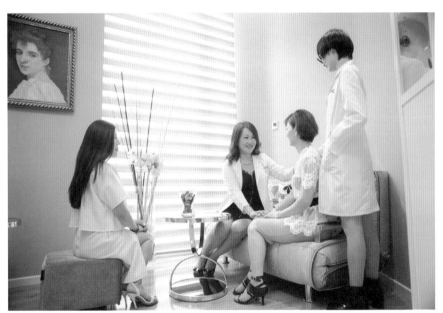

"姊妹們，正確的溝通比碎唸有效！"

Part 2

要性福，
「構造」要顧好

無論是初戀、熱戀、異國戀，
還是新婚、老夫老妻，
關係要幸福都得靠性福。
可是那些個閨房裡的私密情事，到底誰能向誰傾訴？
又或者，難道一切只能推給時間或造物主嗎？

V Doctor 李伯寧，
用 8 個最常見的私密故事替你解開心中疑問。

1 + GOD，處女情結的男人

還真的沒滅絕

　　男女在交往過程中，心理引發生理反應而交織著血肉衝動，所以「婚前性行為」在二十一世紀的常理上早已見怪不怪，而觀念愈顯開放的現代，奉子成婚在螢光幕上示範得太多，守貞情節早是骨灰等級的話題，平常沒有人會特意提起，就這樣，「處女情結」就悄悄藏在每一個對此有期待、有要求的人心中。

　　而有些男人宣稱，在乎的並不是那一層處女膜，而是枕邊人那些不為人知的過去……男人的自尊可以堅硬得像座城牆，也可以脆弱得像張紙。最難跨越的障礙就是心愛的女人在心裡把他跟別的男人做比較。

案例 能帶給小碧幸福的處女膜

　　小碧是個從小對愛情懷抱綺麗夢想、盼望著某天能遇上心目中白馬王子的女孩，她對於白馬王子的定義是這樣的——高富帥是基本條件，還要有能力、外語流利，個性霸道更好，最重要的是從未真心愛上任何女生……

直到遇見自己為止。

　　也許是從小家庭環境不富裕，父母必須努力勞動才能換來一家溫飽，兄弟姊妹又多，小碧能分到的注意力很少，從未感受過所謂的「愛與呵護」，只能將期望寄託於愛情，希望王子將她從乏味的生活裡拯救出來。

　　在讀大學期間，小碧從未喜歡上任何一個男生，原因無他，就是——「條件不夠好」；她謹守著心目中對於愛情的夢，不輕易結交異性朋友，為的是有朝一日遇見「對」的人，將身心靈全部獻給他。但這樣的日子久了，看著身旁的好朋友們早就換過好幾任男友，只有她還是形單影隻，不免覺得有點寂寞……究竟等的那個「他」，何時才要出現？

　　直到這樣的一天在小碧的生命中開演！
　　小碧第一間任職的公司有位主管，大她 12 歲，小碧被分屬在他的團隊！雖然他的背景家世既不顯耀、也不多金，但是獨守芳心 25 個年頭的小碧，正處於人生中非

常渴望談戀愛的時刻，縱使他的外貌不突出，甚至服裝品味也有點不合時宜，甚至還有一個交往3年的現任女友，但面對他的熱烈追求，小碧卻無法拒絕……那種被欣賞、被讚美、被照顧的感覺，是小碧出生以來第一次感受到。

「原來，談戀愛是這麼美好的事。」小碧心想。從對方眼中感受到的自己，是多麼賞心又悅目，原因並非是做了什麼有價值、有用的事，不像小學時畫畫比賽得了全縣第一名，才能接受全班鼓掌，而是單單感覺身為「自己」就已經夠好、夠值得獲得歡呼。

小碧愛上了這種滋味，對方散發出的熱情好像永遠都不會消失，原來自己內心一直渴望這種安全感！過去列出的種種理想條件都已不是重點，單純一份「被愛」的感覺就足夠幸福！

於是，她陷入了。
陷入這種「有人願意為妳付出」的甜蜜夢境中，小

碧忘了自己曾埋下一個單純的夢，那顆種子仍在無聲地抗議著沒有發芽的機會，她只著重在眼前這份快樂…那晚，當他提出初夜的要求時，小碧羞澀地點頭同意了！長久以來的幻想與期待就這樣被揭開……

　　他的臉緩緩靠近，小碧的心猛烈地拍打著。一切像是在迷濛中進行一般，隨著他細啄的吻往下延伸，小碧身上的衣衫早已被一一褪下。俯身在她身上的男人抬起頭直望著她迷惘的雙眼，她才警覺到自己早已被攻陷，她顫抖的手緊緊抓著最後一道防線：臀部上那塊纖薄的布料。男人疼惜、微笑著低頭親吻她胸前的蓓蕾，這一刻，渾身顫抖著的小碧早已忘了多年的守貞，讓身體徜徉在男人帶給她的歡愉裡。

　　「如果回憶那一夜的種種，也無所謂同意不同意。」小碧這麼說，只記得一切都發生得意亂情迷，有過經驗的他說著「相信我」，她也不知用什麼理由拒絕，然後就發生了。隔天，當房間只剩下她一人的時候，心中好像有種懊悔，正隱隱撞擊著，在向自己抗議「沒能守護

自己原始的夢」，這點讓小碧格外過不去，覺得對不起
自己的，就是她自己。

但是每每看到他出現時臉上溫暖的微笑，立刻又拋
開內心的想法。畢竟，潛意識中，小碧知道這已經沒有
回頭路；而且或許，對方會是那位跟自己牽手步入禮堂
的人也說不定呀！這樣一想，那份缺憾彷彿稍稍被撫平
了一點。

然而，這份期待並沒有維持太久，很快地，小碧便
發現對方跟自己有諸多不合之處，他並非全人全心委諾
給自己，而自己卻等於付出了全部……。

「真的還要這樣繼續嗎？」
「我能想像自己跟他生活一輩子的情景嗎？」小碧
心中的回音越來越大聲。

這是發生在 8 年前的舊事，本來已經在小碧的腦海
中成為一張泛黃的相片，久久未曾想起……

　　小碧今年邁入 33 歲了，還沒結婚，但身邊有一個條件很好且追求她的小開，像極自己從小渴望的伴侶對象，只是自從跟前主管分手後，對於接受新關係總有些卻步，對於那段不理智的感情始終埋藏著陰影，失去初夜的事實讓自己無法坦然接受新的異性追求。

　　已經在工作上面獨當一面、成為小主管的小碧，心中總擔心著，要是新男友問起了自己的第一夜是給了誰，那要如何交代？尤其對方家世很嚴謹，萬一真的嫁入「豪門」，公婆知道了這段過往，是否會覺得自己是個隨便的女人？渴望恢復完璧之身，像當初那個完整的自己，才能嫁給值得珍惜的對象，重新感受人生真正的幸福，這樣的想法促使小碧認真思考起，聽聞已久的處女膜重建手術……

DR. Jennifer 的相談室

　　日本有個調查，針對「交往的話，會跟處女交往還是非處女交往？」「結婚的話，是跟處女結婚還是非處女結婚？」等問題，對 500 位日本男性進行問卷調查。這個調查的結果，可以大概知道有處女情節的男性大概佔了多少。

　　從右頁可以得知，在交往階段時約有四成的男性認為女友不是處女比較好；但在考慮到「結婚」時，男性的「處女情結」竟然稍微變多。整體而言，處女派與非處女派的比例約是 6：4，與交往時相比並沒有太大的差別。所以男性的處女情節，跟所受的家庭教育、種族以及是否牽涉到婚姻考量有關。是不是很讓人驚訝？沒錯，還有處女情結的人還沒作古咧！

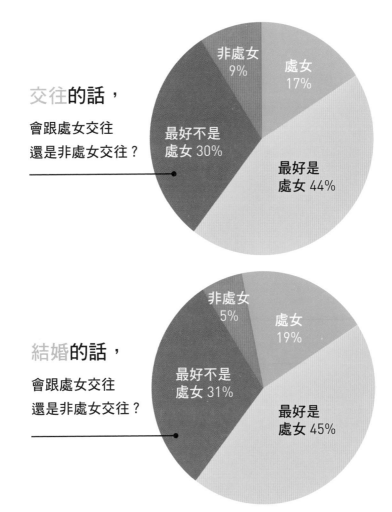

交往的話，

會跟處女交往
還是非處女交往？

非處女 9%
處女 17%
最好不是處女 30%
最好是處女 44%

結婚的話，

會跟處女交往
還是非處女交往？

非處女 5%
處女 19%
最好不是處女 31%
最好是處女 45%

擁有第二次初夜？處女膜的修復手術

根據統計，即使處女膜完整，初夜也只有約 45% 的處女會落紅，所以坊間才衍生出很多為了假裝落紅而使用假棉球或沾血棉棒的方法。有些人是處女膜韌性太高而不易破裂，反而需要手術剪開才能順利行房。有些人則是血量太少不明顯。甚至如果是年紀太大才第一次行房，也有可能因為處女膜萎縮而沒有落紅。

對於想進行處女膜手術重建的女性，大多需要實地詳細內診，評估處女膜破壞的狀況後，再設計重建處女膜及預留開口的大小。處女膜重建手術的難度在於要重建已破壞的處女膜狀組織，處女膜很薄、很脆弱且不易縫合，留下的開口必須剛好可以讓經血流出，又希望可以在第一次行房時形成落紅。

手術起碼會安排在想要再次行房的 6 ～ 8 週前進行，因為恢復期需要 6 ～ 8 週，但手術的效果除了希望呈現落紅以外，另外還必須注意行房的回饋感——陰道口的感覺是緊實的、如處女一般，所以現在的術法已經做

過改良。像目前最新的處女膜重建術式，除了修補處女膜本身以外，也會針對已經鬆弛的陰道口進行修補，形成緊實感。進行完手術之後，可以如常生活，只要注意短期內不要進行太劇烈的運動及可能破壞傷口縫合的動作，就可以「完美如初」。

✚ 男性初夜也會落紅？

初夜落紅並非女性的專利，男性初夜也可能引起落紅，出血的原因大多上是包皮太長、太緊、太鬆或陰莖下的包皮繫帶太短太緊所引起（包皮繫帶是位於陰莖龜頭下方，連接尿道與包皮內面的褶皺組織，內有豐富的血管）。如果發現落紅，可自行以壓迫方法止血，大部分可止住，如果出血量較大或有撕裂傷，最好到醫院接受簡單的縫合，癒合後傷口也比較整齊，也能改善包皮繫帶過短的問題。

處女膜整形，確實能改變面對關係的心態

在私密門診中，要求修復處女膜的案例大約有 60 ～ 70% 是因為預期男友、未婚夫有處女情結，希望自己是處女。但也發現有部分女性是因為「第一次」的性經驗很糟糕，所以想從心理及生理去徹底忘記這段關係，藉由進行手術歸零身心靈的記憶，這樣情況來諮詢的現在有大概 20 ～ 30%。

也曾經碰過幾例是因為幼年或青少女時被性侵害，而來求診重建處女膜。對於想忘記不好的關係這種情況，我以前沒有想過可能會有這樣的動機，但是因為開始動這些手術之後，常常問了求診者：

「那你大概什麼時候想要用？」

「我沒有特別什麼時候要用，只是想忘掉那個混蛋。」她這麼回。因為她想給她自己一個完整的感覺、忘記不好的回憶。

曾有一位美國白領階級的華裔女性，飛來台灣找我做處女膜修復，我很疑惑，問她：你住美國，阿豆仔哪

裡有處女情結這套？一問之下才發現是她年輕時曾遭到
強暴，雖然現在過得很好，也認為事件過去了，但如果
這件事有辦法在身體結構上修補，那她會覺得自己更完
整。事實上，在後續的關懷追蹤中，她也回饋確實在做
完修復手術後，對於自信提升及受創感覺的康復好很多。

看到這裡你可能會問：「所以處女膜整形在心理上
（忘掉某些事），對求診者本身是有幫助的？」沒錯，
我發現這是很有可能也確實發生在我的求診者身上，因
為身體和心靈的改變是可以經由雙向互動而互相影響，
你可以用外在構造或形象的改變去修復或提升你的心靈；
相反地，相由心生，修復你的心靈或經由正向善良的思
考引導，也可能改變你的外貌。

一個人在大部分時間都看不到自己的臉，但你看得
到別人看自己的表情，如果你的臉或外型在他人看來是
心生歡喜的，那麼你看到的每一張臉，都是喜悅微笑的。
所以適當的整形或修復，可以將客戶的外型和構造調整
成能帶給她自信及帶給別人喜悅的情況，讓她更喜歡自

己，進一步能啟動正循環、回饋正能量給自身，如果以這個角度來看，適當的整形、微調或康復對於身心靈的協調是有益的。

私密處是女人的第二張臉，如果曾經在私密處留下悲傷的痕跡，我們也希望能經由適當的修復，讓你忘記悲傷和創痛，帶著自信迎向未來。

做任何私密整形或康復都一樣，請為了自己而做

曾有個求診者，我在術前諮詢時問她為何要修復處女膜，是因為男朋友在乎嗎？她回我說：

「我從沒問過，但我覺得我男友十之八九應該有處女情結！」她一副信誓旦旦的模樣。

「是怎麼個十之八九法？」我繼續追問。

「我男友總是把女人要貞潔啦！三從四德啦！不可以隨便跟男人怎樣⋯掛在嘴邊！」她回答。

所以，她猜測自己的男友很有可能是處女情節的擁

護者。而且他們最近已經進展到很有可能要上床的階段，她也非常在乎這段感情，想以結婚或在一起的前提來交往。既然她這麼篤定，我們就安排了手術。術後，這位求診者還去做頭髮啦、保養啦等等，很開心的準備人生中的「第二次初夜」，但隔幾天我在診所卻接到了電話。

「李醫師，我生氣了啦…」電話中的她帶著哭腔。

「怎麼了？是不夠緊還是沒有落紅嗎？」我很緊張。

「不是，有落紅，而且很緊都很好…」

她吸了一口氣，再接著說：

「但我男友竟然說『搞什麼，你竟然是處女！怎麼可能！你該不會要我負責吧！我看你做愛那麼 open，怎麼可能是處女？』……」

這下可好，原本想投其所好的她，卻不經意勾出對方不想認真交往的秘密……

所以說，我們在做任何私密整形或康復手術之前才會一再諮詢確認，你是否真的想改變？是為了自己還是

為了男人呢？男人常提到處女情結，其實並非只指那層膜，而是整個人散發出的感覺。這次案例讓我的同事們開玩笑說：「李醫師從來沒接過客訴，結果第一次客訴不是做不好，而是裡面做得太像，卻忘記提醒客戶時實作也要像處女一般含羞⋯..」

在台灣，「處女」這個議題，無論是夫妻還是情侶間很少會有人主動去談，你可能會想問，現在真的還有處女情結的男人嗎？我認為這和世代有關，70年後出生的人或許還有，但你說80、90年後世代的人，還有誰會跟你講這種快作古的名詞。我們開啟這個話題，不是要評論這到底好或不好，而是想請你省思，如果做了修復，是否真的能得到你所想要的？

2 + 親愛的，別因為更年期 就停止床事

東方的中年婦女是標準「心事誰人知」的壓抑族群，因為她們往往為了家庭付出大部分心力而忘了自己。直到過了四字頭大關，膠原蛋白的流失、肌膚急速失去彈性、面容的疲憊、身材走樣，轉眼間，歲月的痕跡全浮出了臉龐。

更多不能跟外人道的煩心事則是在床第上，明明不過才將近五十歲，卻已無法負荷伴侶的性事需要，沒辦法滿足對方而帶來的自卑心理，更讓身為太太角色的她們不好意思坦承自己性慾減低，「我變了！」這句話，該怎麼說出口……除了想顧及伴侶的需求，但自己卻陷入提不起勁的狀態，到哪去尋找兩全其美的解決辦法？

案例 張姐不能說的秘密

年輕時住在鄉下，結婚後搬到都市擁擠的大廈間，每戶跟每戶的距離這麼近，這點真的讓張姐很不習慣。本來，上了年紀的自己，跟老公就愈來愈少有床事，帶小孩、忙著送他們去學校、自己也還有班要上，每回就

算有那麼點性趣，也會顧忌小孩漸漸長大，房子隔音又不好，怕他們聽到什麼不該聽的……根本沒有一段空檔是可以讓自己跟老公能沒有顧忌地進行那檔子事！

她轉身側躺，甦醒的感官漸漸接收著嬌喘的吶喊聲。「啊嗯～啊嗯～」伴隨著床猛烈撞擊牆壁所發出的「碰，碰！」聲響……交疊聲愈來愈快速，張姐拿起枕頭曚住頭，企圖屏絕這一波波的呻吟。張姐望向鏡子，她臉上隱隱泛出潮紅，心情也莫名的混亂，身體一陣陣的熱潮湧上，兩腿間的騷動也無法安分，好像有什麼感覺漸漸湧出……

小孩們都去上大學了，家裡總算才有點自己的時間與空間，跟老公也不是沒有再嘗試過那麼幾次，尤其以55歲的中年男人來說，老公阿發的體力還沒有走下坡，先前幾年拒絕了幾次，曾懷疑過有需要的阿發會不會趁著應酬在外面胡來，但心思一轉，又忙著小孩升學考、填志願……等等的事上，是的，當女人一旦生了小孩，孩子就會變成自己人生中的大事！

　　這些年來，心情總莫名混亂，好像有什麼說不出的感覺一直在打擾自己，健忘的情況也愈來愈多，每次出門才臨時想到自己是不是忘了做什麼，這種連自己都不認識自己的中年狀態，讓她很擔憂。但是阿發不但事業正走上坡，擴展了在中國大陸的分點，業績也一路長紅，專注在事業上的阿發根本不理解自己此刻的心情。有時候他來求歡，自己就算心理願意配合，但生理上根本提不起勁，然後結婚久了，阿發缺少前戲的節奏也讓她興致缺缺，一想到這點就不禁有點埋怨，老公阿發真的太不識相！

　　趁著這陣子孩子們過暑假，本來抱著點虧欠感，認為下回阿發再有想做一些親密的舉動時，自己應該會比較有心情。但是奇怪的是，快半年了，阿發都沒有顯露一點性趣；加上每個月他都會固定飛往上海，看多了新聞報導的張姐也不由自主地聯想……阿發會不會偷偷包養了一個年輕貌美的女孩，兩個人過著尋樂的日子去了？

　　前一晚才因為這想法輾轉反側、好不容易才入睡，

一早又被鄰居的性福活動再次硬生生地提醒起這件事⋯⋯張姐可以說是心情降到谷底了。

那傳入耳簾的歡愉呻吟聲，一聽就知道是才二十幾歲的小姑娘，「也不把窗戶關緊。」張姐在小聲嘀咕的同時，下意識察覺到自己好像還有些忌妒跟羨慕？要說上一次像這樣投入自我的舒暢性愛，可能是十幾年前的事了⋯⋯什麼時候當世界不再是自己跟老公兩個人時，連做個愛，這種夫妻間合情合理的事，都要偷偷摸摸怕小孩聽到？

除了性趣缺缺，張姐在生理上也經歷了更年期的變化，私密處的乾澀及搔癢不停地困擾著她，行房時因乾燥引起的疼痛，常常讓房事中斷，再加上不定期出現的熱潮紅及疲憊感，真的覺得全身都出了問題。剛開始出現這些症狀時，張姐也試圖探詢過周圍同齡的女性友人，但床第這件事，誰願意承認自己的不滿足？都這把年紀了，大家都愛面子，不是炫耀老公帶自己去哪裡度假、就是戴著結婚紀念日收到的首飾禮物來聚餐，根本觸及不到心底的煩悶。

　　偷偷上網看一些部落格爬文，卻跳出來一堆助興、增強情趣、輔助濕潤的用品廣告，「哎呀！這種東西我怎麼好意思跟阿發說因為性趣不夠，麻煩他配合著用？」尤其先前幾次阿發已經調情了半天、自己還是沒有感覺，這讓張姐感覺像是個不及格的妻子，而她自認為對家庭付出奉獻許多，說自己這方面有缺陷，心底會莫名冒起不平衡的難受；她才不想讓自己的小秘密攤在陽光下被阿發知道。

　　但是，如果不能讓老公知道，那又該如何解決自己現在做愛提不起勁、甚至因為乾燥疼痛不能做，進而有點排斥床愛的困擾呢？尤其老公下個星期就要從上海回來了，要是再求歡，自己又做得不好，就算阿發還沒有採到外面野花，也離野花園愈來愈近了吧……內心夾雜不安與矛盾的張姐，找上女性私密康復專科，希望醫師能提供根本解決的辦法……

DR. Jennifer 的相談室

　　在東方國家，尤其是 40 ～ 50 歲以後的婦女最明顯的特徵，就是大部分的她們根本不覺得「性」很重要。但這無關對或錯，因為這牽涉到文化及觀念；過去的性觀念、性思想非常封閉，幾乎沒有人會認為「活躍的性生活」是生活品質很重要的一環。我聽過很多女性認為「50 歲之後沒有性生活很正常」，常常有些中年婦女來看診，會說：「李醫師，我已經不想做愛，早就沒有性生活了。」我也覺得 Fine，OK 呀！只要你高興，沒有什麼不可以。這是女性自己的身體自主權。

　　但我在這篇文章裡想揭示的一件事是，同樣是更年期的婦女，一個處於沒有性生活的自然衰老陰道狀態、一個是有性生活的活躍陰道狀態，這兩位女性的生活品質絕對不一樣！假設你的性生活很活躍，而且做愛做得很愉快，你的身體、心靈和另一半的關係等等，狀況會絕佳、美滿又幸福。

更年期來了，就應該要停止性事嗎？

更年期的婦女通常有「性冷淡」的狀況，什麼是性冷淡呢？就是對於房事總是提不起興趣，也沒有激情，這會影響到夫妻或是情侶之間的感情。性冷淡牽扯到很多問題，但可以概括成兩個原因來說：一是陰道機能衰退，二是卵巢機能衰退。

❶ 陰道機能衰退

陰道機能衰退的最明顯症狀就是「陰道乾燥」。陰道黏膜下層本來就有一層膠原蛋白，但隨著年齡漸大，這層膠原蛋白也會隨著減少，就跟臉上的膠原蛋白一樣會萎縮。舉例來說，假設一般女性在 19 歲時的膠原蛋白含量是百分之百，在 38 歲時的膠原蛋白含量大概只剩 50%；如果年紀更長，至 50 歲左右，生活操勞加上衰老，更年期女性全身的膠原蛋白含量，大概只有年輕時的兩到三成。

　　更年期陰道萎縮之後，陰道就不是鬆或緊的問題，而是失去了彈性、張不開，就像塑膠水管在太陽底下曝曬，整個硬掉一樣。另外，更年期的陰道黏膜上皮產生萎縮，也會讓黏膜細胞分泌功能下降，導致陰道乾澀及無法保持良好的 PH 值，使得私密處容易感染或搔癢。

　　萎縮老化型的陰道一旦放入了陰莖，一定會感覺到乾澀、痛，失去彈性的陰道在做愛時會有很大問題，不但女性感覺刺痛，男性也無法感覺有濕潤或包覆感而獲得滿足，因為做愛時，男性的陰莖喜愛的環境是包覆感、濕潤、溫暖、緊實，放入陰道的感覺就像是嬰兒時期在媽媽懷抱裡一般，才能得到舒適的幸福感。

　　更年期婦女的私密處治療，大致上有兩個方針：一、利用私密雷射重建陰道環境，促進膠原蛋白新生，讓陰道恢復彈性；二、利用私密雷射讓陰道整層的黏膜表皮細胞重生。根據論文研究，在私密雷射治療後一個月，我們取得治療前後的陰道切片顯示，受試女性們的陰道細胞會再生成，如三十幾歲的女性一樣年輕，細胞的含

水量及分泌功能都變好，這樣的黏膜環境很健康，就可以保持濕潤且不易搔癢發炎。如果想讓陰道的濕潤度更好，可以再增加 G 點 PRP 注射治療，促進 G 點神經、腺體、血管的新生，這樣濕潤的效果就更好了。

❷ 卵巢機能衰退

對於更年期婦女的私密康復，除了以私密處雷射更新陰道結構外，再來就是解決卵巢機能衰退，所導致的性慾低落。性慾低落牽涉到卵巢及大腦分泌的荷爾蒙變

✚ 私密雷射治療

人類皮膚或黏膜微血管中，平時循環的生長因子量相對不多，尤其年紀愈老它愈少，除非身體產生受傷訊號，幹細胞及生長因子才會前來受傷部位進行組織的修復重組及更新。而雷射治療的原理，就是利用最好的假受傷訊號——「熱能」，但前提是這種熱能必須是安全、可控制又能引發身體修復訊號，私密雷射所發出的熱能，便屬於這種能量。

化；假設只單純用私密雷射進行陰道結構的康復治療，但卻不進行卵巢的抗衰老治療，就跟把一塊原本貧瘠的田地翻整好了，但卻不持續施肥一樣，時間久了，田地依舊會恢復乾枯狀態。

更年期婦女的荷爾蒙治療分成藥物性及植物性荷爾蒙治療、食療和運動，但是陰道已經開始有乾澀、行房疼痛症狀的女性，除了私密雷射以外，我們建議最好合併採取口服植物性荷爾蒙的治療，才能讓私密雷射所產生的效果更令人滿意且延續更久。但康復陰道構造、調節荷爾蒙就表示大功告成了嗎？

除此之外，身心靈的調整也是關鍵的一環。身體就像一座大工廠，內部有很多個子系統（如神經、心血管等），而身體會選擇系統使用能量的優先順序。如果身體整個大環境不佳（熬夜、抽菸、喝酒、壓力大、焦慮等），沒有足夠的能量維持所有系統正常運作，那麼就只能部分運作、部分休廠啦！

　　而在身體的選擇順序中，「生殖系統與性慾」是在身體條件狀況不好時，最容易被關廠而犧牲掉的系統。你可以去觀察，人在身心狀況不好時，最快產生的變化就是變得不想做愛。**身心靈必須維持在顛峰狀態，才有足夠體力能量去維持生殖系統的活躍。**畢竟，身體不健康的時候誰會想做愛呢？特別是睡眠，有些更年期婦女睡都睡不好，也就根本不想去管性愛這檔子事了。

熟齡女人，也享有完美性愛的權利

　　有很多婦女在門診時，聽到我發抽血報告跟她們說已經更年期了，都會受到很大的打擊，認為更年期就等於「衰老」和「不再有女人味」。其實**更年期是身體的節能反應**，人體到了中年不需要生育時，將子宮跟卵巢進入休眠狀態（就像電腦的待機狀態，可以讓電力續航得更久），這就是更年期；能節省身體的能量，讓身體將能量轉移給更需要的系統，以利繼續順利運作，達到更健康長壽的目標。但是我們該如何在生殖系統休眠時，還能去啟動「性」的活躍呢？

　　其實在卵巢跟子宮進入更年期休止後，還有其他身體器官可以代償卵巢分泌不足的荷爾蒙功能，其中**全身脂肪跟腎上腺就是能幫助休止卵巢的兩大重要系統，也可以接棒在女性進入更年期後繼續分泌適當的女性荷爾蒙**。所以更年期症狀比較嚴重的女性，通常有兩大原因：一是太瘦或營養不足（體脂肪量不足）、二是身心壓力太大（腎上腺疲勞）。

❶ 體脂肪量不足

　　適當的體脂肪含量對各個年齡層的女性都很重要，脂肪並不是廢物，它有調節免疫及分泌荷爾蒙的功能。脂肪在女性荷爾蒙的分泌上具有微調的作用，比方在年輕女性身上，卵巢是荷爾蒙分泌的粗調節輪，而脂肪就是細調節輪，一個扮演主流分泌，另一個則是細微調節。當女性身體心靈處於壓力，卵巢承受高壓，脂肪就會代償調節荷爾蒙分泌，所以你會看到有些女性處在高壓狀態時，體型會忽胖忽瘦，就是身體及卵巢發出壓力訊號，導致脂肪堆積以便因應壓力狀態。脂肪是很重要的器官，所以在更年期前後，應以飲食和運動將體脂肪維持在正

常 BMI 值，避免太瘦或太胖，對生殖系統的持續活躍有很大的幫助。

❷ 腎上腺疲勞

壓力太大則會造成腎上腺長期產生疲勞。腎上腺會分泌很多荷爾蒙，當更年期的女性處於放鬆狀態時，腎上腺素可以代償分泌原本卵巢負責分泌的女性荷爾蒙，便能取代退休的卵巢，讓女性獲得適量的荷爾蒙補充。假設你已經進入更年期，但卻因為身處於壓力狀態，產生腎上腺疲勞，腎上腺就會沒有能量及餘力去分泌女性荷爾蒙，進而造成嚴重的更年期症狀。

在此篇章的最後，我想要告訴婦女朋友，你想要以什麼樣的方式老去，沒有人能批判；但如果你想要很優雅、很有品質地走向老年這條路，那以上講的這些事情是你必須要在意的。女人到底要做愛做到幾歲？沒有標準答案，你該想的是「性」對於你的生活有什麼意義？更年期對你來說是什麼？這是讀者們應該要去反思的。

COLUMN ❤ 1

可以靠運動、食療
改善更年期症候群嗎？

時常有求診者這樣問我：

「李醫師，網路上有說，更年期症候群可以靠運動或食療改善，真的嗎？」

我想談一個概念，先建議讀者自我檢驗腎上腺、卵巢以及脂肪的協調性，如果在更年期之前你的腎上腺已經進入相對疲勞狀態（比方長期的壓力及失眠），因為卵巢是擺明時間一到就退休，就剩下脂肪跟腎上腺這兩個左右手，但腎上腺被操得累得要死，只剩脂肪能工作，可是偏偏脂肪起不了很大的主流分泌功能，只能細微調節，那會變成怎麼樣？我們可以預期你會產生嚴重的更年期症狀。

　　人在更年期後，還是需要適量的女性荷爾蒙以維持系統的正常功能，這時候就必須讓腎上腺及脂肪來代償調節，假設你長期處在壓力之下，不用請算命老師，我就能篤定你的更年期症候群會很嚴重，就算再怎麼運動食療，如果你不減壓、不讓你的腎上腺獲得休息喘氣，是沒有很大效果的。

　　而我們在臨床發現，正式進入更年期前的幾年（前更年期），此時的壓力及身心狀態對於是否產生更年期症狀相當關鍵。該如何知道你的腎上腺是否過度疲勞呢？以下是「腎上腺疲勞症候群」的具體症狀：

□ 設了超過 3 個以上的鬧鐘依然起不來。
□ 不管睡了多久都無法消除疲勞感。
□ 做什麼事都覺得懶懶的提不起勁。
□ 明明只是生活小事，卻比以前花上更多時間才能完成。
□ 做了以前會開心的事，但現在開心不起來。
□ 不管吃什麼都覺得不好吃。

□ 一直無法平復內心焦躁，暴飲暴食，或漸漸養成
酗酒、抽菸等不良習慣。
□ 覺得人生好無聊。

　　如果上述的選項勾選超過 3 個以上，那你的腎上腺
就很可能過勞啦！要在平日生活中維持腎上腺的健康，
除了有良好的生活習慣、養成天天吃早餐之外，還要盡
量遠離咖啡因、酒精等刺激物；在飲食方面，可多攝取
富含 DHEA 的菇類、大豆食品，或是橄欖油、青背魚、
鰻魚等食材都有幫助。

　　解壓是一門學問，並非你所碰到的事情多是工作量
大，壓力就一定會大，而是大腦看待事情的模式是否正
向？如果你的大腦對各種事件都產生正面解釋，那麼不
管是小事、大事，你的腎上腺都能臨危不亂，幫助你微
笑地度過每一天。

3+ 輕熟女和小鮮肉

在性事上是絕・配

　　姐弟戀在現代似乎見怪不怪了，找個年紀小的男友，似乎比較不會有主權的爭執，某些主見強的女性可以很做掌控慾強的自己！但是年齡上的差距與生產過體態、甚至私密處變化的問題。這樣的胴體如何保鮮、吸引小男友的慾力，恐怕是姐姐們都想得到的答案！

📖 案例 倩茹與小鮮肉的愛情

　　「所以你的意思是這樣處理就可以囉？」辦公室裡傳來一陣爭執聲，雖然音量不是很大，但是同事們都知道，這是倩如姐又在兇人了！

　　這幾天倩如的脾氣不是很好，大家耳裡紛紛相傳，大概是她的小鮮肉男友搬離她的住處的緣故。

　　倩如不是一個非常好親近的人，事業心強、凡事要求完美，因此無法理解那些只求安穩的人的心態，對她來說，如果工作需要，以公司為家是再應該不過的事；時間一到就想要下班的人，根本是打混摸魚！就曾經有這樣一位同事，產假後回來工作，每天午休時間會在會

議室裡擠奶，倩如看得十分不順眼，藉著一些小事情刁
難了幾句，硬生生地把那位新手媽媽同事給罵哭了。

然而，她能夠爬到今天的位置，不是沒有理由的，
行銷部門本來就不好待，背負著產品上市的業績壓力，
常需要各部門的合作，但是卻未必見得每位同事都能以
業績為自己是同條船上一份子的角度來配合，不給文宣、
設計圖一拖再拖的⋯比比皆是。行銷部門每個新同事來，
沒有一個不是灰頭土臉，但都多虧了倩如姐罩著，只要
她一出面，其它部門沒有不趕緊乖乖照辦的！

「對自己人很好、對異己者偏見」是倩如這個人的
特色。與前夫有一個孩子的她，最終因為衝刺事業、忽
略了家庭，最後男方外遇，還被她捉姦在床，第一段婚
姻就這樣無疾而終。

「你永遠只想到你自己」——是她前夫跟她講的最
後一句話。

一開始沒有人認為她應該還會再交個男朋友。「她
自己就是半個男人了吧？」「她那麼強勢、有哪個男人

跟她在一起會感到舒服？」幾個見不得她好的同事總會在背地裡評論她的感情生活。

但是，倩如一如她辦公室一姐的作風，在愛情路上也打破了眾人的眼鏡！一年多前，倩如竟然帶了男朋友回辦公室加班，如果是個老成男人也就罷了！竟然還是個許多年輕妹妹都會多看個幾眼的男模。

「我的天啊！他怎麼會看上她的？」
「應該差了有至少十歲了吧？」
「他看起來還蠻正常的阿！怎麼會有這種品味？」

倩如其實知道一定會有人講一些諸如此類的難聽話，但她不畏流言蜚語，只想在工作跟愛情裡找到平衡點，因為她知道，真正的成功是事業愛情皆能夠得意，她才不會變成只擁有一邊的寂寞女強人！婚姻，也許她玩不起，但是愛情這個東西，是女人終生都缺乏不了的天然保養品！

因此，倩如十分珍惜與這位小鮮肉男友的交往，她出門選餐廳，怕他不自在，會避免選太貴的、紀念日送禮物絕不會比他送的貴、就連在誰那裡過夜，倩如都懂

得察言觀色，就這樣交往了一年之後，終於用自己成熟大女人的體貼，讓小男友願意主動搬進自己的小豪宅，且自尊不受傷害。

正當倩如以為感情生活能如她所打算般的進行下去時，就遇上了難題！兩個人住在一起之後，她感到男友的「分心時間」好像變多了！有時打開他留在沙發上的手機，發現臉書有很多新的女性朋友，從穿著打扮來推測，應該是在工作場合認識的小女模。

夜晚，當兩人緊緊結合時，健壯的六塊肌緊貼在她的小腹上，他的堅硬正猛力地撞擊著她最深處的渴望，倩如期望她溫柔的蜜水能緊緊地包裹著，讓他逃不出自己的秘密花園……但望向他的眼底，明顯感覺到他只是照章辦事。

倩如開始覺得自己滿足不了他！她站在浴室看著鏡子裡的自己，蒼白的容顏、下垂的乳房，以及布滿橘皮組織的大腿與臀部，她伸手摸向私處，這裡是否還能讓他欲仙欲死？

　　這對任何一段感情來說，這都是絕大的危機。倩如生平第一次感覺到異樣的心慌，好像怕被拋棄，尤其拋棄自己的對象還是這樣一個美好的年輕生命？

　　倩如這才發現自己原來心中對於「年齡」是自卑的。

　　假若男友以這個理由，改去尋覓他人，那不就表示自己一切的人格、個性、付出全都因為「年齡」這個關鍵問題付諸流水？一旦等他真的開口提出分手，豈不讓自己成為連抗辯都找不到理由的怨婦？一向在工作上贏得終點的倩如，沒想到這段談女大男小的戀愛竟會讓自己遭逢敵手！而這個敵手，是年齡！是恐懼！是自己無法改變的生理現實！

　　倩如知道，要想抓住男人的心，就得在床上用點力！所以雖然小男友以工作案量開始變多、常要熬夜，怕回家吵到自己為理由，搬出去租了另一間房子，可是這還不算輸！她認為一次契合的床事能夠彌補很多事情，喚起彼此初識時甜蜜到家的滋味！

　　於是，倩如開始著手計畫，想讓自己變得像水蜜桃

一樣，讓小男友感覺到成就感、在床上彷彿擁有關係上
面領先的主導地位，藉此讓自己在戀愛上也能夠保值，
於是倩如上網翻尋了資料，終於找到「回春」這樣的關
鍵字……

DR. Jennifer 的相談室

　　現代女性意識崛起，要叫女性待在家相夫教子、看
老公臉色，或是工作、家庭兩頭燒，忙得像轉不停的陀
螺，甘願下半輩子就這樣生活的女性愈來愈少。很多女
性在恢復單身之後，生活反而能過得很不錯，工作表現
好、有經濟自主能力，但是在感情跟關係的經營上大多
無對象，即使其他領域活得很好，但再怎樣感情也不可
能永遠處於真空狀態吧。就像美國影集〈慾望城市〉，
四個主角都是單身熟女，而熟女的性跟感情的經營是這
篇要特別強調的。

姐弟戀不是偶然，是必然

會寫這個故事，是因為我們很多求診者真的交往到一個小她八歲、十歲，甚至是十幾歲的男朋友，擔心對方會嫌她皮膚不好、乳房下垂、生過孩子陰道太鬆、肚子有妊娠紋等等，這些問題在衣服穿著的時候通通看不出來，但一旦進展到床上，兩個人脫光光裸裎以對，這樣自然的生理狀況會導致她自卑。

那麼姐弟戀能否成功，其中要注意的關鍵有哪些呢？

❶ 生理條件／女性永遠老得比男性快

在哺乳動物中，雄性動物一定比雌性動物來得漂亮好看，比如像是 40～50 歲的男性，他們不用化妝 就是西裝穿一穿，只要體格不要太差，看起來各個都是歐巴、帥大叔；可是女性只要過了一個年紀，如果你不保養、不化妝、不打扮、不裝扮，可能看起來就是歐巴桑了。在這樣的自然演化關係裡，對於女性的衝擊力道是很強的，所以如果是姐弟戀，第一個要擔心的是容顏衰老得比你的對象快，所以外在的保養不可少。

這時就會有人說：「那不要跟小鮮肉交往不就好了？」

姐弟戀其實其來有自，事實上，**女性大概在三十至四十幾歲，對於性的需求會比較高，恰好和年輕男性的性需求量比較合拍**，講白一點，就是在床事上很合！為什麼呢？因為年長女性在性方面大多已被開發，懂得高潮是什麼感覺、技巧也不錯，而且生產過後的女性跟年輕女孩比起來，性能量也會變得比較強；二、三十歲的女性，不會有很強烈想要「性」的感覺。

有句話說「女人三十如狼，四十如虎」，意思是女性 35 ～ 45 歲這段時期，性能量會很蓬勃。不然演藝界也不會有那麼多出名的姐弟戀！

假如你是一個單身熟女，去找四五十歲或跟你同年紀的男性交往，可能在生活經驗和價值觀比較合，但他們的性能量是在下降的；**性這件事情，不只是兩個器官之間的律動，而是全身的 ENERGY 在互相交流**。一般男性至中年時可能會有心臟疾病、高血壓、糖尿病等慢性病，如此一來他的「引擎」就有問題，引擎有問題，操

作起來當然會不太順啊！反而輕熟女跟二、三十歲男性的性協調度更好。

❷ 性生活品質／私密處回春

再來是性生活的品質，熟女們即便在性需求量和年輕男性較相合，但無可避免地，都無法阻止時間將青春帶走。假設到更年期後又沒有好好保養，男朋友需求大，但你沒辦法應付的話也是一個很大的問題。

就如同故事中的倩如，想尋求私密處的康復治療，而一般來說，**私密處回春有兩個要點：陰道緊實、陰道的濕潤度和敏感度。**

通常我們會建議求診者進行私密雷射、G 點注射輔助荷爾蒙治療來達成，增加陰道的敏感度，幫助熟女在構造上做好年輕化，提升雙方在性愛中的快感。至於乳房下垂，則利用脂肪移植或隆乳；乳暈的部分則以 PRP 生長因子做注射，幫助乳暈變小、變淡；妊娠紋也可以利用雷射和生長因子注射。這個概念其實算是一種另類

的產後康復，如果是單身者，可以幫助你「重新進入市場」。

為什麼要說「重新進入市場」？我簡單舉個例子：假設有個男人有房有車，結過婚生過小孩，60 歲時宣布單身；跟一個同樣有好工作的女人，但是生過孩子的媽媽，她 60 歲恢復單身、要重新進入市場，哪一個難度比較高？大概十個人中有十個會說是女性吧！

很明顯地，社會大眾對男人就是比較寬容，他還可以出去 Party all night，非常容易地就回到單身生活；而女人生過孩子，身心經歷過改變和破壞，衰老的速度比男性快非常多，所以中年女性要重新進入市場會比較辛苦。

再加上如果女性是在婚姻裡遭到背叛、老公外遇，最嚴重的打擊或許不是你和對方的愛情，而是「自尊」會整個崩解，無論事後你對對方有多恨，內心還是會開始懷疑、檢討起自己，是不是自己做錯了什麼？是不是自己的美貌、性事輸給第三者？進而失去面對下一段感情的勇氣。

　　所以我們常說，私密康復的過程其實是「重建自尊」跟「女性的覺醒療癒」，醫美跟整形對某些求診者的人生改變，效果是很多人意想不到的。

❸ 關係經營／經濟狀況、未來共識

　　最後，要提到最重要的「關係經營」。姐弟戀在愛、性上沒有太多難以跨越的困難，但在關係經營上面會有很大問題。

　　一開始面臨到的會是經濟層面的不對等、思想上的不對等，畢竟女方出社會時間長，在職場上有一定地位，經濟狀況也比男方要好，如果小鮮肉沒有出過社會、沒踏入過婚姻，那會不會顯得談話不夠成熟？話題搭不上邊？

　　所以姐弟戀的關係中，很容易變成女方照顧男方、支持男方，但其實女性是屬於喜歡被照顧、被撫慰的一方，加上女性對談話、分享是很注重的，這時候調整心態就非常重要，必須了解自己在這段關係究竟需要的是什麼？是安全感、性、關懷、還是陪伴？

而如果這段關係要往下繼續走，邁向傳統東方的男女關係，常常受到的挑戰就是——男方要跟你繼續走下去，傳宗接代、生兒育女，可是女性的衰老速度是快的，這個男生會不會厭倦、會不會覺得你容顏衰老？

　　在婦產科門診或是私密門診時常碰到這樣的案例：男方也許沒有結過婚，但兩方真的兩情相悅，想攜手走一輩子，可是女方已經結紮了或快進入更年期了，雖然男方沒有一定要求說要生孩子，但你知道的，我們女生就是情感取向、有情有義，想著既然你敢愛我，那我也敢為你生小孩！所以也碰過四十幾歲婦女要求輸卵管再通的案例，我做婦產科醫生大概快二十年了，這種案例並非最近才發生，多年前就常常有。

性 → 愛的保存期限只有半年

　　姊弟戀若沒有去補足在「性」之外的其他需求，那就會非常危險，根據調查顯示，**性的新鮮感大概在半年之後會快速立降**，非常快；取而代之的是「彼此在關係跟愛」上的依存，這時就會遇到問題。我必須強調，親

愛的姐姐妹妹們，如果你決定要踏入女大男小的這段關係，且要避免受傷的話，就必須理解會有這些事情發生。我也碰過一些姐弟戀的求診者，在諮詢時會很豁達地說：「沒關係啊，我已經想好了，我就陪他走一段啊！他如果想要結婚就去吧！反正我知道我們是看不到未來的。」

但是事情真的沒有你想的這麼容易，我們女生一旦在一起之後會開始在乎，開始在乎之後也許對方也會開始在乎；**情感的深度很難在剛開始挖掘時就設下立牌，設定我就是只要挖這麼深，這是不可能的事情**。所以後來這些求診者通常又會來找我，希望把原本結紮的輸卵管再通、幫助她調整身體狀況生小孩、或是開始打排卵針的情形。

也許，這個男孩子真的如同你所講的，他後來想結婚了，好好跟你分手，去找其他年輕女孩子結婚，你也會傷心啊！你可能會覺得是我老了嗎？是我不能生嗎？還是不能滿足你？這些結果都是我們要去反思考慮清楚的地方。

COLUMN 2

可以靠運動、飲食達到
私密處回春效果嗎？

　　有些朋友會這樣問我：

　　「李醫師，難道私密處一定要靠雷射治療才能夠保持青春，不能夠靠運動、飲食等等就達到緊緻的效果嗎？」

　　根據我長年研究陰道緊實度的結果發現，陰道緊實度是可以定量的，我們診所有儀器在專門在測定女性陰道的鬆弛程度，一般來說，陰道鬆弛正常值在20mmHg，數值20mmHg剛好可以包覆住充血的陰莖，能產生適當的摩擦力，這是正常值；但正常值不代表緊緻，只代表剛開始可以產生磨擦力的陰道。30mmHg以上才代表陰道緊實，緊實就是能創造出很好的摩擦力，陰莖就輕易可以摩擦到快感帶。但是這是以正常陰莖直

徑來談，有些客戶的男伴侶陰莖偏細長，那陰道就要直徑更小才能感受到足夠的摩擦力。

　　陰道鬆弛主要跟生產、懷孕時胎頭壓迫到骨盆底肌肉有關，根據我的臨床研究，只要生過孩子（無論是剖腹或自然產），陰道壓力大多都是在 20mmHg 以下，除非有過很好的復健跟康復；當然我們也有看過產後婦女數值在 20-30mmHg，但那是非常少數，而且通常是在生孩子之前她陰道的狀態就很好。

陰道鬆緊度	mmHg
緊實	30 以上
正常（剛好包覆）	20
輕度鬆弛	15-20
中度鬆弛	10-15
重度鬆弛	10 以下

陰道的鬆緊度，可利用儀器測量出。

　　生產或產傷造成的陰道鬆弛到底有多嚴重呢？假設你去比較同一個人生產前後陰道壓力，生產後一定比生產前鬆，但這個鬆弛的幅度範圍可能很大，這麼大的幅度要靠改變生活習慣，去變回 20mmHg 以上基本上不太可能；舉例來說，我們想利用運動減肥，希望減下二十、三十公斤，這並不容易，對吧？

　　另外自然產對於陰道口可能會因為胎頭通過產道而造成過度拉張，陰道口是整個陰道神經、血管和纖維組織分布最密集的地方，一旦陰道口過度拉張或會陰修補不當會造成傷害，產後性生活的敏感度就會大幅下降。所以我們也治療過不少因為自然產的會陰傷口，導致疤痕化性交疼痛的案例，以及致力於陰道口神經與纖維組織重建的康復治療。

　　好，那我們難道只能坐等陰道鬆弛老化，再去做治療嗎？難道沒有其他搶救方法？

親愛的，當然有！陰道鬆弛除了是因為產傷，跟熬夜、血糖過低、減肥過度、體重過輕、體重過重、宮寒症等這幾個原因也有關係，如果能從注重自身的健康開始做起，雖然改善幅度不像去醫美做雷射、手術那麼大，但仍會有所增進。

此外，在求診者做完私密緊實治療，陰道壓力回到標準值後，我們也會在衛教時要求求診者之後的維持期，必須抗衰、預防再次鬆弛，這時候就是需要生活型態的改變、回到好的狀態，因為就像其他醫美療程一樣，必須持續抗老、保養。

我在這裡要特別奉勸姐妹們，預防陰道鬆弛有三個千萬要避免的因素：

❶ 「熬夜」：
我在中國大陸跟台灣測到很多未婚未產，但是陰道重度鬆弛的求診者，主要是熬夜所造成，因為熬夜會讓身體元氣不足、陰道周邊的肌肉鬆弛。

❷ **「低血糖」：**

當你的血糖低下時，陰道也會特別鬆弛。所以在
做愛之前要記得吃飽。

❸ **「站太久或是骨盆底肌使用不當」：**

有些人認為做瑜珈或上健身房也能緊實陰道，但
其實有些瑜珈動作或重量訓練反而讓陰道變鬆；
甚至我遇過一位求診者，她長年做健身房的動作
叫做 Squat（深蹲），它能緊實大腿內側肌肉，
但卻會讓陰道鬆弛，經過雷射治療後並且避免此
一運動，她的陰道壓力就漸漸上升了。

4+「下面」是女人的第二張臉

談異國戀的女生通常會被問到一個問題，就是「尺寸」。外國人的「長處」，尤其在床上，總特別令人有想像空間，加上在性領域的探索上，西方國家比起保守的東方深入許多，諸如像是口交、肛交、甚至私密處造型等等，也都有更深入的講究。而其實私密康復整形的發源地，也就位在歐洲和加州比佛利山莊。

案例 杰斯的藍眼睛

杰斯的藍眼睛，是千儀最喜歡，也是最害怕的地方。

有句話說：「眼睛是靈魂之窗」。當她見到杰斯的第一眼，就被那雙深邃又彷彿清澈地可以見底的瞳孔所吸引，儘管身旁的姐妹正滔滔不絕地講述失戀的苦楚。

千儀跟杰斯是在夜店認識的，不過並不是一夜情這樣的速食戀愛。當時千儀的好姐妹被男友出軌背叛、傷心不已，為了給她打氣，從沒去過夜店的千儀只好硬著

頭皮，發下「來個不醉不歸」、「煩心事拋到腦後」、「一切到了明天就過去」……之類的義氣豪語！

於是兩個只是一般公司基層工作的樸實小女生，就這樣展開了人生裡的第一次的冒險——穿上 Nu Bra 與深 V 洋裝，頂著一臉濃妝跟長睫毛，進入了傳說中豔遇最多的夜店！一切只為買醉，跟享受男性投射到她們身上的眼光。

千儀過去只談過一次戀愛，是與高中時隔壁班的男生，兩人最後在大學因遠距離而分開，在這之後千儀還沒有遇到令自己心儀的男生——直到杰斯出現。

千儀一直以為自己不會跟這種異國帥哥搭上邊！畢竟電影裡的影集演得都像是天邊般、夢裡才會發生的事情，而且也聽說過很多來台灣的外國男生，都利用東方嬌小女生的崇拜心理，把女孩們迷得團團轉，所以一夜情與短期戀愛很常見，他們理所當然地不用以結婚為前提進行交往。

「如果沒有遠景，不可能走入婚姻，那我要這段戀愛幹麻？」

千儀認為這種只是玩玩的心理很自私，難道女生要花費青春陪你走完一段後，再去找一個可靠的男人嗎？又不是已經打定主意不結婚了！千儀曾對投入這種關係的女生們嗤之以鼻，覺得女孩太不懂得愛惜羽毛，但，現在自己竟也成為談異國戀曲的一員了！加上杰斯也不曾說過兩人之間沒有未來之類的話。

杰斯是出生在法國富裕資產家庭的次子，天生浪漫的野靈魂驅使他有顆不安定的出走慾，他以出售攝影作品為職業，遊覽慢走過世界上許多國家。大概就是這雙總能拍攝出人事物靈魂的眼睛，杰斯彷彿能輕易看穿自己、甚至連她沒發現的一面也瞭若指掌，千儀的女人味徹底地被杰斯開發，天天為他下廚、逛街會想到買衣服送他、開始放下天生自然捲的長髮；就連床上的經驗，也受到杰斯外國作風而影響，許多以為自己原先絕不會接受的方式，竟然都變成一種浪漫！

　　法式接吻的精髓是杰斯帶給她的另一種震撼的感受，細啄的吻、吸吮的吻以及舌頭交纏的熱吻。杰斯的吻技嫻熟，且總能令千儀在前戲時就體驗到渾身顫慄的快感。千儀想起他的吻，身體便不自覺地燥熱了起來，杰斯喜歡用唇膜拜她的每一處，光是想起杰斯的吻就能讓千儀兩腿間緊繃收縮，每一次的做愛，杰斯總能讓她高潮一波接一波不間斷地持續著。

　　只是千儀一直有個擔憂不敢跟杰斯分享，那就是雖然對他們外國人來說，口交是增進情趣的一種管道，就像是全餐中的開胃菜那般正常，但是身為傳統教育下長大的自己，要這樣大方地將私處近距離給另一個人看，內心仍然是很害臊的，儘管這另一個人是自己的男朋友。

　　尤其千儀讀過一些女性書籍上提及過，每個人私密部位的長相都不一樣，膚色暗沉、陰蒂深淺、陰唇肥厚，或是體毛長的樣子……都各有差異，以杰斯條件這麼好的外國人來說，床上一定遇過不少女生了，更何況他還身為攝影師這種很重視美感的職業。

記得莎士比亞有這麼一句話:「男人是視覺的動物。」杰斯的眼睛究竟怎麼評斷自己的私處?沒有自信的千儀在與杰斯親熱時,只要想到這件事就會感到十足的壓力。

雖然目前都以開暗燈為方法,暫時遮掩了這件煩惱,但總不能每次當杰斯想要時,自己都得半推半就勾引他來到臥房,其實心裡的老實話是:自己也很想嘗試一下那種直接在餐桌上就做愛的氛圍啊!隨心所欲地解放自己的慾望,真的是與外國人談戀愛時才能感受到的獨特自由!千儀每次光是想像,就像期待遠足的孩子一樣,對目的地的遐想期待不已。

這天下班途中,千儀注意到了一個婦產專科的廣告,上面提及自己懸掛心頭已經好一陣子的困擾,考慮之後決定了預約人生中的第一個整形手術……

DR. Jennifer 的相談室

　　近日來，私密處美型的需求在女性間日益受到重視，一部分的原因是女性自我意識的覺醒，另一方面，則是性知識與性行為的觀念在亞洲日益開放。男性在進行性行為時，視覺的刺激對性衝動的引發相當重要，所以莎士比亞有句名言：

　　「女人是用耳朵戀愛的，而男人如果會產生愛情的話，卻是用眼睛。」

　　很多人會以為，做愛的時候關燈不見五指誰看得到，但是我們發現如果私密處是漂亮美觀的，女孩子的自信心會提高很多。但如同第一章提到的，我還是要特別強調，不建議是為了另一半來做私密處的整形，這是我們諮詢上很大的忌諱，我們希望做這件事是為了讓女性更有自信而做。

東方 VS 西方，審美觀大不同

　　東方女性與西方女性在私密處看法上最大的不同，在於以下幾點：

❶ 陰毛的修剪髮式

　　西方女性普遍喜歡將陰毛做比基尼全除，或是只留一小部分。許多的女性也流行在男友生日或特殊日子時將陰毛修剪成特殊的髮式，增進性生活的情趣。事實上，陰毛的髮式就如同髮型，可以襯托出私密處的美感。過多或太濃密的陰毛，在進行前戲或口交時，對視覺及互動上，確實會造成一些不便。

　　若是要修剪出自己心愛的陰毛髮式，有以下方法：
* 自我除毛
* 蜜蠟除毛
* 雷射除毛

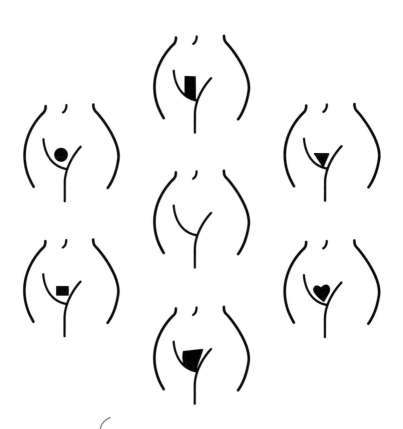

國外有各種不同的陰毛髮型，
有時會配合特殊節日做造型。

❷ 口交

西方男性對於為女性口交較為熱衷，主要是文化及性生活上的差異，而西方男性對於幫助女性在前戲時達成快感及高潮也相對於東方男性重視。男性為女性口交時，私密處膚質的顏色飽嫩、陰毛的髮式以及觸感，就像與情人接吻般，會影響雙方在口交中感受到的愉悅與視覺刺激。

若統計全球的陰道緊緻度，東方女性的緊緻度比較高，原因在於西方女性在膠原蛋白的流失比例非常快。找東西方各一位同樣是 30 歲的女性站在一起，你會發現西方女性的皮膚大多已經鬆弛；下面也是一樣的道理，西方女性陰道鬆弛的比例比東方女性快，且是高出很多的。有些東方男性交往了西方的女性，到一個年紀後，真的會覺得是深不見底。

第二個差異就是氣味，東方女性跟西方女性陰道的氣味並不相同。比如悶了一整天下來，西方女性的陰道裡面比較會有體味，但東方女性比較沒有味道。

世界上最美的私密處

歐美的男性對於口交的熱衷程度高，甚至在荷蘭、芬蘭的青少年性教育中，會教男生口交、怎麼樣才能讓女生舒服，假設社會中盛行口交，自然就會去注意這一方面的美學；不只有女性，現在有一個療程是幫男生的陰囊打肉毒，讓它亮亮的、皮膚變好，像喬治克隆尼就已經打了，表示男生也開始在意自己私密處的外觀。

女性的私密處，我們暱稱作「下面這張臉」，在很多色情影片中，會看到導演以近距離側拍女優的私密處，甚至有時還用手指撥開以便能讓觀眾看得更清楚。在許多女性的眼裡，認為這樣的視覺取景不可思議，但卻反映了男性在性行為過程中喜愛窺看私密處的需求。如果女性擁有一個粉嫩、飽滿而提拉感十足的外觀，能增加男伴以口唇親吻私密處，進而做足前戲的動機。

至於什麼樣子的私密處外觀才是男性心目中的女神呢？雖然見仁見智，但就如同臉部的美學分析一般，私密處也具有其精微的美學概念。基本上是從色澤、膚質、

拉提度、飽滿度、小陰唇的形狀、陰蒂包皮的覆蓋度、陰毛的分布、毛髮的樣子來評斷，甚至國際學會有在討論比基尼脫毛、到底怎麼樣的陰毛髮式才是 Fashion 的。

P.141 這張圖是我邀請醫學界許多婦產科及外科男醫師票選出來最具美感的私密處外觀，其有以下幾點特色：

- 大陰唇：膚色粉嫩年輕，整體外觀具有拉提感
- 小陰唇尺寸：正好蓋住尿道及陰道口，但無多餘贅肉
- 小陰唇顏色：粉嫩，無黯淡黑邊
- 陰蒂包皮：剛好露出 1/3 ～ 1/2 的陰蒂
- 陰毛：全除或只留下恥骨上一小部分

下面那張臉最影響美觀的部位：小陰唇

事實上，天生就符合這樣美學條件的東方女性其實相當稀少，但卻是男性心中最容易引起性感遐想的私密處樣貌。**整形美學有四大要件：對稱、形狀、顏色、質感。在這四大要件中，「對稱」是首要要達成的目標**，就像長相中影響五官最大的是鼻子、眼睛，下面這張臉裡面也是同樣道理。

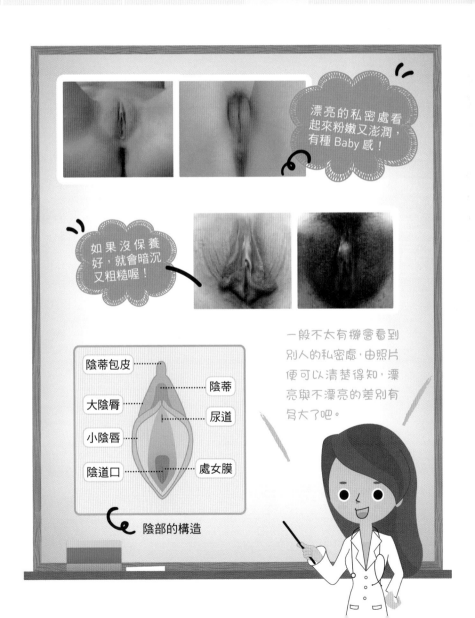

漂亮的私密處看起來粉嫩又澎潤，有種 Baby 感！

如果沒保養好，就會暗沉又粗糙喔！

一般不太有機會看到別人的私密處，由照片便可以清楚得知，漂亮與不漂亮的差別有多大了吧。

陰蒂包皮

大陰唇

小陰唇

陰道口

陰蒂

尿道

處女膜

陰部的構造

　　那麼私密處的中軸線在哪裡呢？答案就是「小陰唇」，小陰唇的形狀以及對陰蒂的拉提感，是整個私密處美型的中軸，我們在做私密整形時，最常要處理的就是小陰唇的問題，因為基因種族的不同，60～70%的東方女性的小陰唇過大，而且是不對稱的（通常是一大一小），改變此處就如同臉部的隆鼻及隆下巴手術，可以重塑中心軸的形狀與對稱美感。

✚ 私密美型中最熱門的項目：小陰唇手術

傳統的小陰唇手術是採用手術刀或電燒刀切割，所以不容易做精準切割設計，出血量也較大，特別是在術後，因為仍有微小血管持續滲血，所以腫脹會持續一段時間，往往造成整形客戶術後疼痛時間及恢復期過長的問題。

目前國際趨勢偏向採用雷射探頭切割，雷射切割瞬間溫度達到攝氏1500度，可以瞬間汽化受傷細胞，而且一邊切割一邊止血，在切割之後，兩邊傷口邊緣只留下健康細胞，精緻縫合以後，傷口極少腫脹，疼痛感大幅降低，恢復期也縮短一半以上。

小陰唇的重要性

小陰唇的私密美型手術，除了改善外觀也能幫助功能改善，怎麼說呢？

如果小陰唇過長，在日常生活中會產生些許不便，如現在很多內褲板子都小，容易卡到不舒服；或是有些工作必須頻繁走路、長時間站立，小陰唇過長都會讓女性感到尷尬。而在私密處偶發感染時，更容易藏汙納垢，造成搔癢及紅腫。

另外，**小陰唇過長的女性不容易有陰蒂高潮**，因為性行為時，必須藉由陰莖進出陰道拉動小陰唇，進而牽動陰蒂包皮摩擦陰蒂產生陰蒂高潮，假設小陰唇過長，在拉動時力矩容易分散，效果不佳。且小陰唇過長的女性其陰蒂包皮也過大的比例很高，所以在進行小陰唇美型手術評估時，通常會建議一併進行陰蒂包皮減縮術，以增進陰蒂於性行為時的敏感度及私密處美感。

但希望讀者在找醫生處理的時候，要找有經驗及受過私密整形手術訓練的醫生，因為如果是原本不對稱的

小陰唇，開完後看起來要非常對稱，這需要很好的設計功力，大部分小陰唇手術都只有開一次的機會，小陰唇開過就是切掉了，要再設計成對稱很困難，所以要特別注意。

粉色的私密處才好看？

網路上常看到乳暈、私密處要粉色，你是不是想過到底是哪一種粉色？還有為什麼有些人私密處或乳暈是黑的？其實像腋下、**乳暈跟私密處的顏色黝黑跟睡眠、賀爾蒙、摩擦有關**，假如你天天很晚睡、熬夜、摩擦過度，或是卵巢的機能比較差、衰老都會造成這些地方暗沉。

那什麼叫做好看的粉紅色？其實它不是那種 pink 的粉嫩公主色，其實叫做「年輕的顏色」。就像每個人的嘴唇都有適合的唇色一樣，我們會建議大陰唇的顏色要比大腿深一到兩度，因為一樣顏色也很奇怪，對吧！所以它會稍微深一點，但不是非常深，它有色差。

　　所以大陰唇主要是在注重在顏色跟澎度上，還有膚質也是重點，有些人有毛囊炎或是長痘子也會不好看。小陰唇就如同上段說的，看它的形狀跟彈性，一般小陰唇開完美型手術後，就能去掉黑邊而看起來粉嫩。

5 + 懷孕婦女的身體變化

　　在一段關係中，「無性」這件事遠比你想像中的嚴肅且嚴重，在兩個人關係進階成為夫妻後，有兩段比較明顯可能的「無性生活」期，一是懷孕生了孩子之後的育兒期，二是更年期。這篇故事以因宗教理念，在婚前刻意克制性生活的夫妻為主角，藉以闡述女性在產後會經歷的生理與心理變化。

Gigi 與建國的無性生活

　　Gigi 與建國是在教會裡認識的，當時建國在主日聚會的舞台上服事當吉他手，專心一意的模樣讓 Gigi 印象深刻，雖然建國的外貌談不上出色，但「認真的男人最帥」這點絕對母庸置疑。

　　記得師母引介建國給自己認識之初，師母就說過：「建國為人老實、誠懇」，而 Gigi 所渴慕的伴侶特質莫過於此，因為兩人都已達適婚年齡，彼此就在眾人的鼓吹下開始交往。

　　建國是個非常虔誠的教徒，交往初期雖然會擁抱自己、主動親吻，但是兩人絕不跨越性行為的界線，最多最多…只會戴上保險套，彼此隔著內褲親密接觸。雖然不像平常男女交往的進程，但這樣的戀愛方式讓 Gigi 感覺很美好，彷彿人可以變得很純潔。

　　但是，隨著戀情愈來愈火熱，生理衝動也愈來愈難壓抑，建國開始改以用手指撫摸自己的私處，藉以滿足親密需求，由於建國的手很靈巧，Gigi 也益發在快感上倚賴建國。

　　兩人就這樣交往 4 年後，正式步入結婚禮堂。

　　還記得洞房花燭夜的第一晚，兩人終於要正式行房。Gigi 感到有點不知所措，畢竟，婚前能發生的都發生得差不多了，眼前就差那檔子事；還好，雖然停機多年，建國的生理功能卻未受影響，一切順利地進行了！彼此也感到很滿足，一年過後，還生了個孩子。

　　只是 Gigi 沒料到，本來應該是帶來喜悅的孩子，竟然成為她跟建國之間的夢魘……

　　產後的輕度憂鬱，以及常要深夜餵奶導致睡眠不足，讓新手媽媽的 Gigi 有點無法適應，而身體出現的徵兆更讓她疲於面對。Gigi 沒有手足姊妹，好姊妹們也都還沒當媽，餵母乳在她的想像中應是幸福的畫面，但實際上卻非常辛苦，除了要忍受 baby 吸吮破皮的疼痛，乳暈跟乳頭還因此變得奇形怪狀了起來；本來嬌小而粉嫩的乳頭，變成了又黑又大的黑棗，模樣連自己洗澡時看見鏡子都想閃躲。乳房本來應是女人的性感部位之一，現在卻下垂塌陷，身為女人的自信頓時間完全被破壞！

　　更令人沮喪的是，在生完孩子之後，Gigi 發現自己有好像有漏尿的狀況……有次她趁著孩子睡著，隨意點了網路上的有趣影片觀看，才剛哈哈兩聲，便感到內褲底濕了一塊……當時以為是膀胱容量剛好裝滿導致，不以為意，但隨著情況愈來愈頻繁，Gigi 才確定自己有產後婦女常見的後遺症，只好每天墊著衛生護墊度過。

而整天圍著孩子餵奶、換尿布、哄睡，忙得不可開交，也讓 Gigi 快忘了結婚的美好。更有一件事，快讓自己跟建國吵了起來，那就是——

　　彼此要多久進行一次性行為？

　　Gigi 想起上次建國暗夜求歡時的情景，孩子睡在身旁，她被動地配合著，腦中想著的是孩子會不會突然哭醒要奶喝，但這時，建國的唇突然往乳房游移，被母乳漲大的乳房竟噴出乳汁，令 Gigi 尷尬萬分……更尷尬的是，當建國的嘴含住她變形的乳頭，開始吸吮時，竟感覺到有一股電流穿透了全身，酥麻的感覺令她興奮而陶醉；然而無論做愛時多麼美好，都在進到浴室，看到自己黝黑漲大的乳暈後毀滅。

　　每每完事後，建國總不經意地盯著她的乳頭看，並用疑惑的語調問：「餵完奶之後的乳暈還會變小嗎？」縱使沒明說，Gigi 也知道建國比較喜歡自己以前的樣子。面對這樣的妻子，建國和婚前一樣拿出因應的辦法調和這段落差，甚至在床上 dirty talk，試圖挑旺情趣，但

Gigi 一直不知道怎麼開口，此時非彼時，自己是因為生理上的改變，而不單只是心情上的「不想做」而已。看見建國在床上努力的模樣，Gigi 內心愈發愁苦，因為萬一她仍表現出沒性趣的樣子，無異會傷了建國的自尊心。

這莫名的自卑感讓 Gigi 有點火大，內心不斷想著：為什麼同樣是孩子的父母，男性在生理上就無須付出任何犧牲，而女性就要有這麼大的代價呢？而且建國開始享受了有孩子的好處，卻還在意自己的乳頭是否變形；Gigi 愈想愈生氣，兩人也因而開始了一段無性生活，從原本的兩週一次，變成好幾個月都沒來上一回。

但是氣歸氣，Gigi 仍擔心建國的心會因此離她遠去，尤其建國還精力旺盛，若長期「休兵」，恐怕婚姻會有危機，於是她大膽開口向周圍認識的女性教友請教，聽了不少人的經驗後下了決心，願意為自己的性福奮戰，於是找上私密產後康復專家，想挽回這個現況……

DR. Jennifer 的相談室

　　大部分女性在進入家庭之後，會遇到懷孕、生產，人生因而有了新的角色「母親」，但成為母親之前，女性經歷 10 個月懷胎、生產、帶孩子，無論是身體結構還是心靈都經歷了一段不小的變化，你會發現自己好像已經不是本來的那個自己，感覺全身都不對勁！因而感到困惑、憂鬱、無所適從。

　　產後對身體構造可能帶來的影響從頭到腳都有，狀況列舉如下：

1️⃣ 落髮，頭髮感覺稀疏

2️⃣ 容貌變得蒼老

3️⃣ 乳房因為哺乳而下垂

4️⃣ 乳暈、乳頭變黑變大

5️⃣ 腹部變胖，有妊娠紋

6️⃣ 私密處膚色易黑

7️⃣ 陰道鬆弛

8️⃣ 膀胱無力、尿失禁

目前國際上有個新的概念叫做「產後康復」，利用各種醫學美容儀器（雷射、射頻、HIFU）幫助婦女恢復生產前的身體狀況，這個篇章，主要強調胸部的變化和尿失禁，這兩者對產後婦女的影響較巨。

不能不知的乳房綜合美學

可能很多人會想：「乳暈、乳頭有需要特別去治療嗎？」如果產後乳房下垂，乳暈乳頭的變化在女性視覺呈現上會差很多。在各國整形手術的統計中，隆乳永遠是高居第一或第二的，由此可見，在現今社會的審美觀念中，乳房是一個很重要的性徵，乳暈的顏色及大小受到很多女性關注，特別是乳暈的顏色更是焦點。

根據坊間調查，有八成以上的男性更欣賞粉紅色的乳頭和乳暈，而也有六成以上的女性，因為乳頭和乳暈呈暗紅色或發黑，而尋求專業協助。

那到底，什麼樣的乳暈的大小才能襯托出豐滿美麗的胸型呢？

　　其實要談乳房與乳頭、乳暈要從綜合美學概念出發，這是密不可分的，構成美學的要件有四個，顏色、形狀、對稱、質感等這四大要件。一般人會容易陷於美麗的乳暈必須是粉紅色或偏紅色的迷思，**但其實乳暈的顏色跟個人天生膚色有關**，一般人正常的乳暈顏色有色階，如果小麥色膚色的人硬要追求粉紅色乳暈並不切實際，但是可以在可行的範圍內調整大小和淡化色澤。

　　以東方人最適合的乳暈尺寸，B罩杯約2.5至3公分；C罩杯約3至4公分較為標準，超過4.5公分相對看起來就會顯得乳頭過大。**乳頭和乳暈相對的大小比例要1：3是最為完美。**

如何淡化乳暈顏色

　　會造成乳暈色素沉澱有幾項原因，其中以性荷爾蒙和褪黑激素為首要因素，會影響性荷爾蒙的原因包括：懷孕、生產、哺乳、更年期，褪黑激素則會受到熬夜、日夜顛倒或失眠的影響，再來是摩擦或是哺乳嬰兒吸吮式的摩擦，也會造成乳暈暗沉較無光澤。乳房的美感有

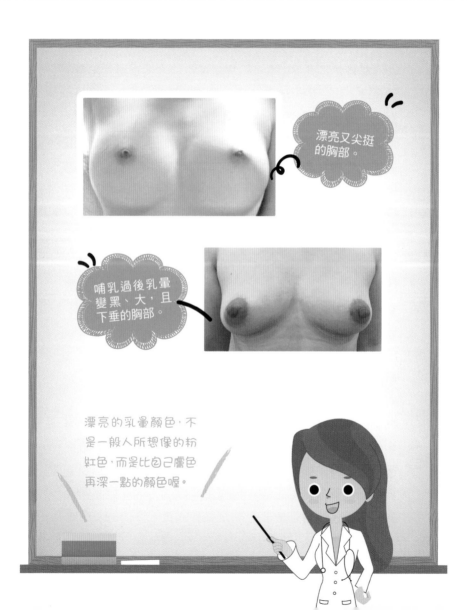

一部分講求對稱性，一般女性的乳房有 30 ～ 40% 不對稱，再加上若乳頭有顆粒、濕疹或凹陷，也會影響美型。

乳暈淡色治療屬於專業醫美治療項目，調整乳暈顏色不會影響健康，也不會影響功能。在醫美療程中，最常見的是雷射治療，脈衝光屬於廣泛頻譜的光，比較不適用於乳暈淡化，單一波長雷射是聚焦型，也是選擇性的光電作用，若打在乳暈上可以得到短暫淡化乳暈的效果，也可能影響黑色素細胞，但在施打時要注意使用低能量和慎選雷射波長。

一般產後婦女的康復治療，我們通常會判斷乳房變化狀況，注射生長因子 PRP，讓乳頭乳暈的色澤、大小比例、敏感度恢復。如果運用 PRP 以正確方法及劑量注射在乳暈，單次注射可以將乳暈直徑縮小 0.5 至 0.8 公分，之後 4 ～ 6 週再進行二至三次重複施打，會有疊加效應，不僅有淡化色澤 1 ～ 2 度的效果，也可以重拾乳暈的敏感度，提升女性性生活的滿意度，維持效果因人而異。治療過後，大部分不會再有明顯的色素沉澱，除非再次懷孕或服用藥物。

　　另外，你可能聽過「乳暈漂紅霜」，這種市售的乳霜加了漂紅酸或 A 酸、熊果素、維他命 C 等，塗抹到皮膚上後，因為酸鹼值變化，便產生變色反應，有點像是變色口紅的原理。

　　到底有沒有用呢？它的穿透率和吸收效果跟商品的載體有關，一般沒有添加特殊載體的情況，只有 4 ～ 5% 會穿透到作用層。有些不肖業者為求效果，添加一些對皮膚有刺激性的酸鹼藥物，導致過敏性紅腫，濕疹或潰爛性傷口，反而在傷口癒合後形成凸出難看的疤痕。消費者應該慎選安全成分的商品和療程，有需要也可尋求專業的醫美醫師診斷評估，做適當的療程，才能真正達到理想效果。

＋ 什麼是生長因子？

生長因子，PRP（platelet rich plasma），會被應用在醫美康復及再生醫學上，是因為人體的血小板會釋放出 9 ～ 11 種細胞生長因子，能夠修復並增生年輕健康新細胞及組織。

令人尷尬的頻尿和尿失禁

根據國際尿失禁協會（ICS）定義：尿失禁是指尿液不自主流出，是一種個人衛生及社交的問題。尿失禁分為四種型態：應力性尿失禁、急迫性尿失禁、混合性尿失禁、滿溢性尿失禁；**應力性尿失禁是最常見的一種，產後尿失禁多屬此類**，有些女性甚至在懷孕時就比較容易有頻尿、尿失禁的問題。

根據我們的調查，產後婦女尿失禁跟頻尿的發生比例很高，**女性從懷孕到產後一年內，有尿失禁跟頻尿的比例大概是 90%**，在日常生活中常造成困擾。造成這種狀況的主要原因有三：

❶ 懷孕增加的體重

懷孕時肚子隨著時間愈來愈大，胎兒會在子宮內增加重量，再加上自己增加的體重，長期壓迫骨盆肌肉組織，會造成骨盆底肌肉鬆弛。

② 胎兒的頭部壓迫

當愈接近出產日，胎兒的頭會愈往下壓迫，進而影響到膀胱跟尿道的角度。

③ 生產時造成的產傷

生產時，胎兒頭部通過產道，可能使骨盆軟組織、筋膜肌肉受損、局部神經去神經化、膀胱頸及尿道支撐組織損傷，使骨盆底部支持功能受到破壞。

當然，除了這三種原因之外，也有其它變因，如產婦體重過重、生產次數過多、高齡產婦或會陰裂傷過大等等。一般中輕度的尿失禁，會在比如說跑、跳或蹬一下，或者突然尿急找不到廁所時就突然尿出來；較嚴重的，還可能打個噴嚏就漏尿。

熬夜的人，膀胱功能不良

除了懷孕末期的體重、產傷和老化的因素之外，我想特別提到的是日常的膀胱保健，膀胱保健跟飲食和睡眠很有關係！我們發現「熬夜族群」膀胱不健康的比例

很高，因為熬夜會刺激交感神經，交感神經就會過度興奮，讓人的情緒變得焦慮，就像考試緊張時會想尿尿一樣，頻尿的症狀就會比較嚴重。

治療產後尿失禁，目前我通常會採用非侵入性的雷射或 HIFU，從陰道和尿道去做治療，讓神經、血管及膠原蛋白重新再生。療程結束後，我們會提醒病人，每天最好晚上 11 點前睡，避免久站或負重，並減少咖啡因攝取量，因為咖啡因會刺激膀胱壁的交感神經，也會利尿；假如一天習慣喝很多杯咖啡或茶類的人，如果又患有頻尿、尿失禁的狀況，若不改善，即使治療後也很容易復發。

但有一些求診者因為工作的關係，沒有辦法不負重或不熬夜，例如廚師、影視行業，或是生雙胞胎，孩子一歲到三歲都要抱著的這種，除了做私密雷射之外，我會建議做膀胱懸吊帶或單一切口尿道懸吊帶的手術，大概能解除 90% 以上的症狀，手術修復之後再做私密雷射治療，避免復發。

6 + 男人睡醒後能不能升旗，
是自尊問題

在今天的世代來說，男性的中年危機已經不是寡聞。由於好萊塢的電影《百老匯熟男日記》、《天氣預報員》、《冠軍老爹》等等加持下，男性在中年之後的心理壓力與情結，就像女人生理期般來的那樣準時。

有些男性因為事業正逢瓶頸，抑或健康亮紅燈，或是第二段婚姻妻子年輕、孩子也還小，不能分擔自己的壓力，憂鬱傾向更顯濃厚。

案例 阿松與吃齋老婆

阿松是位作家，文筆不凡，拿過文壇盛事大獎的他，對愛情總是有說不完的道理，阿松的感情價值觀也往往反映在作品裡，總是有點悲觀、有點無奈，彷彿大環境時不我予。

但沒幾個人知道，原來阿松自己的人生，確如筆下「身不由己」。

　　阿松人生的第一段戀情是在學生時期，當年還是學
生的他，文采就十分出眾，因而在學校頗具名氣，與校
內一位漂亮的音樂科系女生交往，阿松認定這就是他人
生所要的牽手伴侶。本來打定主意畢業後一、兩年就要
把她娶回家，但是豈料出了校門，阿松懷才不遇，靠著
寫幾個字賺不了多少錢，約會從週週上電影院，變成只
能待在家看片……阿松明白他的經濟狀況，讓女友跟著
自己吃苦，心中的低落也愈陷愈深。

　　阿松永遠記得，他準備了一盒知名的肉乾禮盒到女
友家裡，想拜訪自己心中認定未來的岳父。誰知道，屁
股都尚未坐熱，這位丈人爸就開門見山的說：絕不會把
女兒嫁給他。原以為至少女友會站在自己這一邊，但在
當晚的電話中，阿松就聽見女友要分手的消息，備受打
擊的他從此不再相信愛情。之後阿松抱著賭氣或只是想
找個能建立家庭的妻子的心理，草草地相親，結了自己
人生的第一段婚姻。

　　婚後阿松極其不幸福，始終認為自己是匹孤寂的狼，

唯有創作及文字才是自己存在的理由。不過，阿松雖然和妻子沒有生活上的交集，但肉體上的需求卻是存在的，相親結婚的妻子為他生了兩個女兒，阿松也去考了教職，開始在國小當老師。但不甘平凡的他，還是不停投稿，希望藉由參加創作比賽，改寫自己的命運。

最後，阿松終於拿到文學大獎。

那天，阿松覺得這就是他人生遲來的肯定，但感情上早與結髮妻子早已漸行漸遠；回到家後，妻子見著他說：「恭喜你，也恭喜我，我們離婚吧。」兩人就在心平氣和中，簽下了離婚協議書。阿松開始在文壇呼風喚雨，知名度愈打愈開，這時候，他接到了來自初戀對象的電話。

原來當年她與阿松分手後，出國到日本跟一位音樂製作人從錄音室助理開始做起，在業界的潛規則下，她付出的代價如雪球般愈滾愈大，最後受不了，帶著一身累累傷痕回到台灣。出身名門的父親認為她讓整個家族丟臉，不讓她進家門，在悲傷之際，無意間在電視上看

見在文壇再起的阿松，想起過去阿松對她的好，憶起舊情所以打給阿松。

阿松此時剛好 50 歲，正值中年，要開始談第二段感情好像有點提不起勁，但是想到能和初戀情人在一起，阿松就湧起再次步入結婚禮堂的勇氣。於是，兩人很快地開始同居，並結婚、生子。

但這時，阿松也發現了自己竟然有中年危機。

為了專心於文壇發展，本來以為自己就將單身一輩子、無拘無束，便毅然辭去教職，豈料人生開了他一個大玩笑，忽然間需要養一個孩子，妻子也還沒有工作，阿松壓力大到竟開始落髮，甚至晚餐後就極度困倦，連跟妻子聊天的興致都失去了⋯⋯

阿松被身旁朋友耶揄著「每賣嘛！50 歲了還像一條活龍」的同時，心底藏著婚姻急速失溫的危機，過去自己起床後的雄赳赳氣昂昂早已消失不見，不但性冷感、勃起不易，而且就算成功勃起後也不再堅挺。心理、生

理的雙重壓力把阿松壓得喘不過氣。阿松無奈地發現，人生似乎只剩下表面上的名氣跟光環，而自己，不知在哪裡？就算看到色情影片或性感美女，也感到深深的力不從心。

正當這樣的生活已經夠像吃齋，妻子竟在孩子滿周歲後的某天，拿了一本佛經回家，說是在聚會認識了一位師姐，認為世間所有一切皆是因果，每天固定早上六點念經；阿松覺得自己被疲勞轟炸，嗡嗡嗡的呢喃讓他快瘋掉，連「難得興起」時，還會遇上妻子早起念經敗興而歸。

阿松真的覺得，沒人處境會比他來的更像雙面人般言不由衷了……

在一次文學講壇的會議上，阿松認識了一個朋友，兩人聊得很合拍，阿松不自覺地跟他吐了苦水，竟然得知「男人沒性趣」可以靠看專門醫生解決，於是阿松開始考慮了起來……

DR. Jennifer 的相談室

　　會想要特別提出中年男性不舉的這篇故事，是因為我在治療女性私密處康復的案例中，得到很多相關的回饋，是在於男性伴侶的問題。很多中年女性經過了私密康復後把自己狀態調整得很好，但是卻反饋男性伴侶性功能不佳，所以房事並不協調，這種狀況相當令人洩氣，但男性卻通常因為自尊心的問題而卻步就醫。中年男性的性功能狀態除了嚴重的功能性或病理性不舉之外，其他大致上分成「已經用到狀況不太好」或是「狀況還不錯」；但和女性相比起來，男性對這種「中年性危機」更加隱晦，如果一個男性已經決定就醫尋求協助，大部分是已經完全不舉，甚至是已經不舉 N 年才肯就醫。

　　性生活對男女而言，不僅僅是陰莖跟陰道的相互交流，而是全身性的體力運動；西方男人多半樂於參加極限運動或體能運動，體能及心肺功能保持得較好，而東方男人在過了中年之後，平均體能就沒有像西方人那麼

好，所以經常發生力不從心或是性生活品質很差的狀況，起因可能是生活習慣不良、抽菸喝酒、熬夜、壓力、慢性疾病（高血壓、糖尿病）等等。

男性的性功能問題

男性的性問題，我們先從基本面來談，我把它簡單分類成兩類：「生殖器結構」跟「功能」。

❶ 生殖器結構

男性大多會在意生殖器太短小和陰莖彎曲方面的問題。陰莖太短、太小的問題現在已有完善的整形技術解決，可使用假體、真皮或脂肪移植增大術、繫帶截斷增長術等。

我們常聽到坊間傳說：女性就是要緊、男性則是大。為什麼陰莖尺寸很重要？是因為女性 G 點的位置約在陰道前壁 4 ～ 5 公分的距離，如果陰莖膨脹後長度不到 5 公分，就很難碰觸到 G 點，無法引起女伴 G 點高潮。你可能會疑惑：「5 公分耶？真的有人不到 5 公分嗎？！」

答案是真的有。至於陰莖直徑（粗細），牽涉到是否能在性行為時，在女性陰道裡產生適當的摩擦力，如果一個相對並不鬆弛的陰道配合上相對直徑小的陰莖，還是會讓對方產生磨擦力快感不夠的情況。

陰莖彎曲則是指陰莖的外觀呈現不正常的彎曲度，有些人是往上翹或者偏左、偏右，特別是在勃起狀態時特別明顯，在性交進入陰道時可能造成疼痛。這種結構上的調整，在男性的私密整形手術也能做到。

✚ 從鼻子大小判斷男性性器官大小？

陰莖的長短跟大小，在性行為的時候是有可能影響到快感和愉悅的，像很多女生也會開玩笑，建議閨密初次約會可以看對方的鼻子大小或身高去判斷下面尺寸，那大家一定都很好奇，這甘舞影（真的假的）？據臨床觀察及治療過的案例來看，結論是：你看哪裡都沒有用。其實很多長得很高 180 公分或是鼻子豐滿的體育健將，還是很短小！這還是要遇到才知道。

❷ 功能

一般泌尿科醫師有詳細的治療分級，但我的治療分級比較簡單，分成 A、B、C 等級：

✚ A 級：性行為期間的硬度正常，時間可以撐 3 ～ 5 分鐘以上。

✚ B 級：硬度比較軟（蒟蒻的感覺），勃起時間沒有辦法到達 3 分鐘或是時軟時硬。

✚ C 級：完全無法勃起。比較嚴重的患者可能是合併心臟病、高血壓、糖尿病或是癌症治療後，或是有長期服用高血壓、糖尿病藥品的男性，因疾病會影響血管張力。

其實非常多中年男性是落在 B 級，在這種力不從心的狀態下，通常會找理由說服自己，像是最近太累啦、老婆不夠性感啦、吃得不夠ㄅㄧㄤ ㄅㄧㄤ 啊……等等。

不舉跟性慾是兩碼子事

另一個很大的問題是「壓力」，可能會造成隱性或

暫時性的不舉，像欠了鉅款、股票賠了很多錢、面臨裁員等，都可能在事件發生的半年一年內都不舉，不想做愛。雖說男人是先天下半身思考的生物，但偶爾遇到這些事件，也會從心理影響生理。

如果你的先生或伴侶突然在生活中遇到這些壓力，大部分的男人都不會說，但你會發現他莫名的不想行房或行房品質降低。這種時候，女生真的稍微要體諒，因為我們女生如果真的不想行房的話還可以隨便應付一下，但男生真的不想的話，怎樣就是舉不起來，連應付都沒辦法應付。

不舉是一個很悶的狀況，很多人會以為只要有錢，怎麼可能交不到女友？但說實話，假設今天有一個很有錢的男人，但他不舉或性生活品質很差，試問真的有女生可以長期接受這個狀態嗎？不要說嫁給他，就說當女朋友就好，通常都不會長久吧！或是今天你跟一個有錢的富翁交往，大家也許很羨慕，會虧你說反正他有錢，其他就別太計較，但實際上不可能不計較。

有些男人雖然不舉，但還是有性慾，不舉（結構性異常）跟性慾通常是分開的。如果兩個人在前戲時愛撫得很火熱，但你往下一摸……「糟了！不舉…」那要怎麼辦？你是要穿上衣服，還是乾坐在那邊等？還是乾脆翻身睡覺？這是一個很囧的狀況，他把你慾望的開關打開，然後不幫你通電，電燈是要怎麼亮？有些案例是男性伴侶不舉，會要求女方口交、拜託女伴要幫他弄起來，但女方通常會很累很煩，因為怎麼弄就是弄不起來。

男性的不舉，需要伴侶的同理心

基本上男性若是已達不舉、力不從心，就已經算是毫無性生活品質。我們在女性康復治療中遇過很多求診者很沮喪，跟我說：「李醫師我完全不想做治療了，老公都已經不行了，我就算把自己做好是能幹什麼？」

我也治療許多男性私密康復案例，最老的病例是 87 歲，他是癌症病後患者，走路已經很緩慢，視力聽力都不好，但還是希望他的小弟弟可以翹起來或晨勃。曾有男性求診者跟我說過：

「如果一個男人不舉，等於有九成的你感覺已經死了。」

「如果讓我用一半的財產來換回小弟弟的勃起，我願意。」

「雖然我六十幾歲，但只要早上醒來，看到小弟弟站起來，那就是爽！就是一個存在感。」

身為女性，我們要去理解男性的存在感與自尊，不應該去批判，例如你是羚羊，不應該一味地責怪獅子為什麼要吃肉？同理對方之後，得去觀察並且正向思考。

男人打手槍是種娛樂

曾有些女性發現男友或老公看 A 片打手槍，而沒有跟自己行房覺得很傷心，因為夫妻兩人很久沒有做愛了。其實男生打手槍和行房是不同的樂趣，打手槍也不代表他不喜歡妳，就像吃飯可以去高級餐廳吃，也可以自己泡一碗很香的泡麵，這兩種都是樂趣。男生打手槍可以不用在乎伴侶的反應，或太勉強自己的體力，只要專注於自己的感官和看 A 片，所以據男生的說法，還是相當

有樂趣的。就跟女生自慰 DIY 時不用管自己的表現或者陰道鬆不鬆，但行房就會去顧慮「天啊，我是不是很鬆？我有沒有叫很好？」是一樣的道理。

甚至有男性開玩笑地說：「我跟小弟弟已經從出生相處到現在，是幾十年的好朋友，跟女朋友最近才認識嘛！所以當然要跟小弟弟獨處一下聯絡感情。」如果用這樣詼諧的立場去想，莞爾之情就會油然而生。

人一旦進入中年，夫妻伴侶間的關係和性事會趨於冷淡，如果兩個人因為某些原因分房睡、分房看電視，久了之後會有共同話題嗎？很多女性在 50 歲之後，覺得小孩已經長大了，老公退休整天待在家，也不會幫忙做家事，看了就煩，就會漸行漸遠。可是要記得，感情經營是雙向的，如果有人先邁出正向的一步，就可能會啟動正向的循環，而男性也不應該太本位主義，認為這些事都是女人該做的，如果雙方都能對關係和性愛的經營多點心思，相信閨房之樂在中年以後還是能如魚得水。

MEMO
Take Down ......

....

....

....

....

....

....

....

....

....

7 ✛ 前戲做得好，生活沒煩惱

　　講到東方女性性行為無法感受高潮時，幾乎人人都會認同，普遍老小也都聽過 G 點這個名詞，但對感受興奮而分泌的潤滑，則有種 A 片帶來的陰影，好像分泌很多跟蕩婦有關。我想透過這則案例，映射出不能分泌滋潤等於性交過程無輔助的痛苦，以及提醒男性，若是只顧自己發洩，無心經營性愛細節將等於另類的暴力。

案例 Mandy 不快樂

　　Mandy 是位講話很溫柔的女生，臉書、Instagram 上 PO 的照片全都是爬山、聽演講、分享某名人語錄的樂觀貼文。不太認識她的人，會以為她是個充滿正向能量的人，但成為朋友後，才會發現原來她是個極度情感依賴傾向的女孩。

　　Mandy 會有這樣的個性並不是戀愛造成的陰影，而是與母親從小到大的相處模式，從 Mandy 開始懂事開始，母親習慣忽略她的心理感受，總是說著：「小孩子有耳沒嘴！」要求 Mandy 順從；漸漸地，Mandy 認為

愛是很難獲取的東西，於是，當有任何一位男孩子願意聆聽她的心情、主動關心她的需要，她就會小鹿亂撞、情不自禁地陷入情網，不管眼前這位男性是否符合自己的理想條件，只要有人「要她」，她就會黏著對方不放。

所以，Mandy 直到 29 歲還沒有真正交過男朋友，因為每個男生在出去約會第四次時，就會發現她的依賴性太強。不過，Mandy 有過一次性經驗，那次是發生在一間小旅館裡，胡亂地完成的⋯⋯

天真的 Mandy 因為業績表現不好、被主管苛責，連續三個月都睡不好，心情低落之下上聊天室遇到一位網友攀談，由於還沒有什麼情場經驗，她竟然相信了對方說：「出來聊聊天，我可以陪著妳到妳入睡」的搭訕話術，真的出門跟對方來到汽車旅館蓋被子純聊天，完全不覺得這當中有什麼性暗示。

寂寞的女孩和心懷詭計的男子單獨在房間內，就像小綿羊隻身待在大野狼身旁一般，是很危險的一件事——Mandy 就像這樣的一頭羊，卻渾然不覺。

　　當她意識到對方意亂情迷地脫下褲子，往自己身上爬來，一切都已經來不及。雖然對方沒有硬上，有說了幾句安撫自己的話，但因為在自己也來不及「正式」拒絕之下，性行為就完成了。Mandy總覺得自己也有責任，所以抱著認虧的心情離開了旅館，事後也沒再跟那位網友聯絡。

　　對Mandy來說，性經驗雖然想給自己認為最重要的人，但是她根本不知道這個人哪天會出現，而她的價值觀中認為願意疼自己的人一定很少，「有」就不錯了，還能講求什麼羅曼蒂克的第一次，要獻給一個牽手一輩子的人？

　　就這樣，Mandy凡事都抱著「再說吧」的姑且心態，熬到了30歲。正當她覺得人生不上不下、有點壓力及危機感時，老天像是突然轉頭發現般，終於眷顧了她，Mandy遇到了一位國外回來的華僑。

　　也許是自己優柔的氣質吸引了國外長大的他，當他向Mandy提出正式的交往要求時，Mandy好似中了樂

透彩般的開心。兩人交往不到三個月，一次浪漫的燭光晚餐中，對方遞出求婚戒指，Mandy 連考慮二字都沒想過，二話不說就答應了。Mandy 終於在她的人生中找到一個強而有力的對象，拯救自己離開早已受不了的原生家庭，簡直就像白馬王子拯救關在高塔裡的長髮公主一樣，Mandy 幻想，自己即將來到一個光明且截然不同的世界！

但是故事總是現實的，Mandy 很快發現老公的強而有力，表現在自己想都沒想到的地方！

婚禮後的洞房花燭夜，Mandy 看著已經爛醉的老公倒在床上，她拖著疲憊的身軀卸完妝後上床就寢。天色微亮之際，Mandy 隱約感覺到身旁人的動作，她心裡滿懷著期待，期望會是一個令人難忘的回憶。但身旁的人一個轉身，直接把 Mandy 壓制身下，Mandy 羞澀地不敢有任何反應，緊貼著她的老公，遲疑了一秒，直接拽下了她下半身的障礙物，衝刺而入。

　　Mandy 驚訝地咬緊牙根，隱忍住不舒服的痛處，正當小穴漸漸由乾澀湧出愛液，不再那般難受時，老公卻突然射出，Mandy 愕然的躺在下位，老公完事後翻下身，抓起棉被呼呼大睡了起來，自己身上還沾滿愛液，枕邊人卻已鼾聲大作，Mandy 在心裡輕嘆：「難道，這樣就結束了？」

　　這一次的不愉快經驗讓她對性愛不再有太大期待。但接下來的日子，因為她迴避的態度，刻意每晚早早就寢，老公似乎也把她的順從當成了默許。他們的性愛總是發生在 Mandy 半睡半醒之間，總是上演著快餐式的便利，以最快速的方式，翻身、進入、衝刺與發洩。

　　好幾個夜晚，老公都以近似強暴的方式完成了他們的性愛，講求速度表現的老公同樣地也追求次數，一個晚上折騰她多次，令她不堪其擾，而隱隱約約的痛楚也總在兩腿間流竄。

　　一夜三次？這是正常男性都會有的生理反應嗎？Mandy 在婚姻裡雖然享受不離不棄的安全感，但在性方

面卻始終像個供應者，任由老公索求。對 Mandy 來說，「性」好像沒那麼有趣，而且當老公衝刺時，自己只感覺隱隱一陣疼痛，雖然有些微的感官興奮，但卻沒人家形容的那種上天堂的感受。

Mandy 也不敢問周遭親友，因為過去太愛跟他人吐露心聲的結果都不是太好，加上她默默地感覺老公似乎只把自己當性愛對象，有點像洩慾似的，總是忽然間想要就上，連鋪陳的時間都沒有……電影裡面不是都會演浪漫的親吻，從脖子到全身上下嗎？為什麼自己的老公總是會很快勃起後就直接「進入」了？講出來是不是有點丟臉？又加上自己的第一次也沒有什麼快感，這讓 Mandy 無從比對。

漸漸的，對 Mandy 來說，夫妻間的性行為實在有點無趣，且不好受，為此 Mandy 還找了 A 片研究，但怎麼 A 片中的女星總會分泌出很多濕潤液、好像快失去重力但又很享受的樣子，但自己就不會呢？

問題到底是出在哪裡？

Mandy 太害怕失去老公，所以不敢提，就這樣縱容，接受老公是個沒有前戲的男人……結婚至今已經快一年了，她只能默默想像著別家夫妻間魚水之樂的歡愉，而自己只能隱忍著不敢說出口……

 DR. Jennifer 的相談室

案例中對愛情充滿憧憬的 Mandy，在好不容易結婚之後，發現老公在性生活中完全不懂情趣，彷彿把自己當成洩慾的工具。這牽涉到我們第一章講過的，三角金字塔中的關係定位，**定位如果出了問題，愛的感覺沒有到位，在進行性關係的時候就只剩空虛的性愛。**

什麼是空虛的性愛？就是點沒有點到，只有動作。這種性愛結束之後，你會覺得你根本沒有吃飽、根本沒

有滿足，如果對方沒有把情境式的愛帶入其中，對女性而言就變成空虛的性愛。

滿足的性愛，是在做完後能有飽足感，給你開心、愉悅的感覺，這樣講似乎有點難以想像，舉例來說：很像是你這一頓飯吃完之後，可以飽足、滿足很久。這種好的性愛，比較虛幻的說法是「靈肉結合」，可能包含對方的思想、外型、對待你的性愛模式……所有的一切你都喜歡、感到很舒服，如果上述這些前提對方都做到了，那這一餐你就可以飽很久。

男人的性愛關係定位

多情的男人，性關係的定位對他們來說可能包含：買春、包養、女朋友、老婆、小老婆，先別急著批判，既然這種例子並非只有一兩個，而是很多個，那我們該試想，為什麼這些早期時代的男人會去發展那麼多性關係？

在近代歷史中，說到娶小老婆，最有名的就是胡雪巖，中國杭州有個胡雪巖故居，他房間的總機共接了 13

條線，分別連接至 13 個老婆的房間，如果你去參觀過，
會發現每間房間的裝潢品質不同，這表示男人對於性關
係的定位有質感上的明確區別，就像女生為什麼買那麼
多衣服、鞋子？因為每件衣服鞋子的質感、定位不同。

男人也有空虛的性愛，比如買春，買春沒有體貼、
沒有溫柔，要進去就說好，只是單純發洩；大部分女人
沒辦法想像，如何跳過了情境、調情，就直接進入性行
為，但性放在金字塔頂端的男人可以做到。對男人來說
買春是空虛的，但在沒有選擇的情況下，買春總比打手
槍開心一點。男人的思考迴路很簡單，就是簡單的比較
級，但這不影響他對你的愛；不過，當然我們不鼓勵買
春，只是在說明這些男性們的心態。

空虛的性愛

對女人來說，假如心裡對對方沒有「愛」或者是對
方沒有表現出愛你的感覺，就是空虛的性愛；男性最常
犯的錯誤就是跳過「情境式的營造」，直接跳到性器結
合，那結果就是空虛。

　　對男性來說，他們在性愛裡追求的並不是射精的那一剎那，而是看到他的伴侶欲仙欲死的樣子，這會讓男性產生征服感，**他們能從女性得到的快感表現回饋給自己，這便是男性在「性」裡最高檔的享受。**假設男性去買春，雙方都沒有投入情感，這行為就只是去把精子噴掉而已，同樣也是空虛。

　　那問題來了，既然男性也知道什麼是「空虛的性愛」，他也懂沒有吃飽的感覺，那為什麼他就不會想辦法去解決、不願意去營造氣氛？

　　我舉個簡單的例子，你絕對可以秒懂。在東方國家，當我們和伴侶要去哪裡旅行，這種時候絕大多數都是女人在安排，男的就是耍廢、腦袋也沒有太多想法，就算有，大部分也不會想辦法把事情規劃得很愉快、完善；但假設是一個體貼的女人，不管是路線、預計花費、雨天備案啊等等，做得百分百 Perfect。所以說，男人就算知道何謂空虛性愛，也知道你最近不爽，但他先天上就是無能為力，缺少解決、組織的能力，大多數的男性需要後天的訓練，才能像女人那般體貼。

　　女人是靈性很高的生物，而且心地軟、身段也軟，因此解決社交問題的能力很強。**「空虛性愛」這件事，我們女人必須當自強，不要奢望男人會發現甚至開口。**《紅樓夢》的賈寶玉講過：「男人是鬚眉濁物」，但我們不要這樣說，男人只是先天的思考迴路（相對於女人來說）簡單，但男人也是有優點，他們力氣大、方向感強，修理機器等事情都可以做得很好。

　　還有記住，不可以丟開放性問題給他，諸如「我覺得我們最近不好，你想想怎麼辦。」相信我，這種問題太高難度，他們是無法解答的（更何況是達到我們心中的正確答案）。

「前戲」學問大

　　很多東方男性常跳過前戲，不然就是隨便給你親舔一下、摸一下，問你：濕了嗎？就直接進入了，但其實前戲對女性達到高潮或是欲仙欲死的感覺有很大的幫助，**藉由前戲，可讓女性的 G 點活化、達到第一次高潮、連續高潮**，做得好甚至可以潮吹。

很多男性在前戲時用一根食指拼命刺激陰蒂，認為能讓女伴感到舒服──但其實這是女生最討厭的，因為一點也不舒服！男生只是看到 A 片裡都是這樣演，所以也傻傻跟著做；事實上，要達到好的前戲，動作必須輕柔，女性私密處的性感帶總共有六個：陰蒂、G 點、前穹窿（G 點再往內一點，靠近子宮頸處）、會陰體、尿道口前庭（陰道口）、肛門口。這六個點都可以交替刺激，可用舌頭或手指進行。

在前戲的開始，我們會建議採用 G 點跟陰蒂的往復式刺激按摩：

❶ 將手指輕柔放入陰道環形按摩，找到 G 點（約在陰道內 3 ～ 4 公分處）。

❷ 以手指輕輕刺激 G 點，待其濕潤且膨大後，再反向刺激陰蒂。

❸ 陰蒂刺激一陣子後，再回到 G 點。

刺激完 G 點跟陰蒂之後，可再接著刺激前體或是肛門口，只要交替地在這六個部位進行前戲變化，便能端

出很好的前戲菜色。除了私密處六個點之外，乳頭也是最基本的前戲部位，此外，耳後、脖子、肚臍、肚子、大腿內側等也是很多人的敏感處。

前戲做完，「後戲」也要收得漂亮

講完前戲，我要特別提一下「後戲」，東方可能比較少聽到這名詞，但西方男生大部分都會做。「後戲」就是射精以後男性的行為，通常我們最常聽到的都是去洗澡、看電視、抽菸、東西，或是翻過身呼呼大睡……這些都很討厭，明明剛剛濃情蜜意、前戲做得也不錯，可是射完拔出來後就說要去洗澡，丟你一個在床上，這樣會讓女生覺得：「是怎樣，你爽完了就把我丟下，感覺很賽。」

其實女性在性愛結束後，身體還處於高潮餘後的興奮狀態，很需要男性給予愛撫、親吻或是擁抱。根據加拿大貴湖大學（University of Guelph）性學教授 Robin Milhausen 的調查指出，**做愛後的 6 分鐘對女性而言是非常重要的**，如果能在那 6 分鐘內擁抱女孩，說些甜言

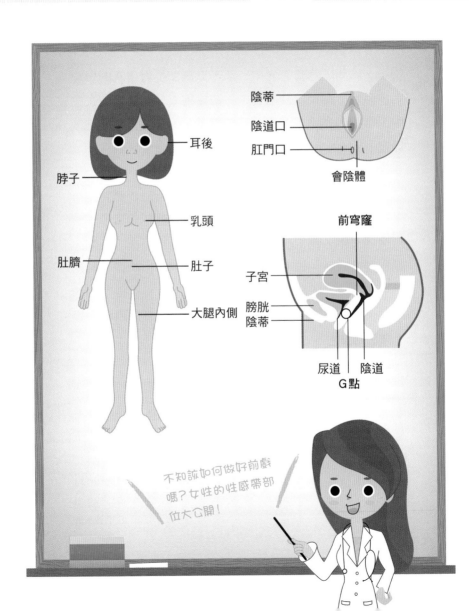

陰蒂
陰道口
肛門口
會陰體

前穹窿
子宮
膀胱
陰蒂
尿道
G點
陰道

耳後
脖子
乳頭
肚臍
肚子
大腿內側

不知該如何做好前戲
嗎？女性的性感帶部
位大公開！

蜜語，或施以適當的愛撫，都可以讓女生對這次的做愛更加滿足；在女性受測者中，**被擁抱 6 分鐘以上的女生中，有 71% 的人認為做愛是快樂的**，而那些沒被擁抱或擁抱少於 6 分鐘的女生，則只有 41% 對做愛感覺良好。

　　這顯示大部分女性都很喜歡後戲，所以我們鼓勵男生在射精或高潮後，先不要洗澡或做其他任何事，應該先抱著女伴，適當撫摸她的身體，幫她擦擦汗、親吻，說些體貼的話。如果要去沖澡，可以邀請你的伴侶一起淋浴，互相幫忙洗背或洗頭，都是女性會覺得很貼心的舉動，後戲做得好就像正餐後的甜點，能為這場饗宴畫下完美句點。

　　而且後戲比前戲簡單很多，抱一抱、親一親、聊個天，要洗等一下再洗就好。你問周遭女生，假設男友老公在每次親密之後有後戲覺得如何，通常都會說不錯吧！像第一章講的馭男術、馭女術，男性若不先安撫女性，就本位主義的說我要吃飯、我要做愛，這對女性絕對行不通，這一篇等同於它的衍伸——要有好的性與好的關係，都必須去引導式地親近對待你的另一半。

MEMO
Take Down ......

COLUMN 3

男人也有 G 點

別懷疑，男性也有所謂的性感帶、G 點。對男性來說，好的前戲步驟是這樣的：

① 親吻。輕輕的吻、重重的吻。

② 親吻之後，開始親耳朵、脖子。

③ 接著親吻乳頭、肚子。

④ 往下往股溝、陰囊。

⑤ 再來是陰囊跟肛門的中間（G 點）、肛門周。

特別要提的是陰囊跟肛門的中間，就是男人的 G 點。只要會運用舌頭和親吻的技巧，好好挑逗男友老公，可以減少很多口交的時間。同樣的原理，**你不能每次都照表操課，要有自己上菜程序變化，不能讓他知道你的下一步要做什麼，這非常重要，**呼應柯立茲效應，每一次都要讓他感覺不一樣。

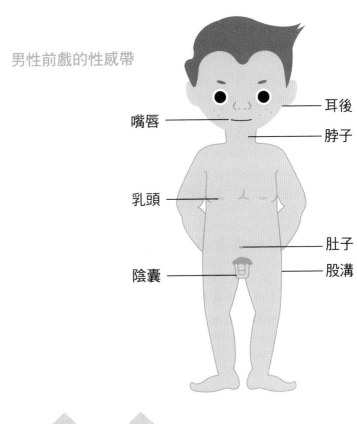

男性前戲的性感帶

耳後

嘴唇

脖子

乳頭

肚子

陰囊

股溝

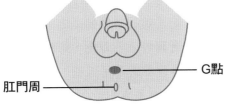

G點

肛門周

8＋寶貝，假高潮很累人 der

「高潮」是每個人在追求性愛時的極致享受，可惜並非每個人都能體驗到高潮的快感，尤其是女性，無論是外貌、價值觀、技巧，乃至於靈魂深處的相知相交，性這件事，都絕對不是只有荷爾蒙看對眼就上而已。

高潮，究竟從何而來？就讓我們看下去。

案例 詠愛的愛情靈藥

詠愛看著出生時爸媽開心為她留下的照片，照片中的自己笑得多純潔無偽，想起這點，詠愛的心就像被深深揪住了一樣……

從小，詠愛就被諄諄教誨著關於「愛的真諦」，媽媽常說：「女生最重要的，就是要找到一生互永的愛。」這句話在她的心裡根深蒂固，就連聽到「做愛」這兩個字時，第一個連想到的不是情色與害羞，而是「愛的美好」，能在一個欣賞著自己的異性面前不用遮掩，彼此坦誠相見，那是多麼彼此歸合的一種關係！

「做愛」這個名詞，對詠愛來說是一件非常經典，且趨近於永恆的價值，在當中感到「靈肉合一」才是做愛的真正意義！

但不知道是否這樣的價值觀，為詠愛壓上了太重的擔子。詠愛 17 歲那年，心慕的學長帶著自己到無人的音樂教室，學長親吻著她的脖子，直到自己全身發燙，彷彿著火一般，詠愛就在無人的教室內完成了她的初體驗；她感到一種被填滿的滿足，雖然不是多深摯的極速快感，可是對方是心儀的學長，這點，就足以感覺到小幸福，像是給出了毫無保留的自己。詠愛這才知道，當情感來臨、觸碰對方充滿溫度的身軀，即使是小小的喜歡，也可以燃起這樣大的愛苗。

只是身受自我的傳統價值期待，詠愛破處後仍情不自禁地想：這是自己想要的做愛嗎？做愛不是應該等到對方給自己一個正式的承諾，然後再像浴火鳳凰的正式燃燒嗎？還有，電影裡上演的做愛場景，似乎顯得更為激動些？高潮究竟是什麼感覺呢？好想體會，但又不知眼前的對象是否是對的人…

　　詠愛的腦內充斥著兩種邏輯在爭戰，如果…學長繼續喜歡著自己，兩人有如偶像劇般青春無敵的交往姿態保持往來，那詠愛也許會自然地跨出這一個門檻，即使對方沒成為自己的終身伴侶也沒關係。

　　但現實世界裡，幸運之神並沒有眷顧到她。

　　詠愛發生了最不幸的事！那位給了自己第一次的學長，下週便在校園內公開牽著另一位學姊的手，談笑有餘地經過詠愛班級前的走廊。

　　詠愛表面上神色自若，但在她內心的小小世界裡，一直堅守的價值崩潰了……

　　自此之後，她交往了幾位男生，每一位都頗戀慕著她，但她始終保持著一種距離感，似有若無地跟對方交往。看電影可以，聽追求者送來的情歌可以，在他家親熱可以；但是，不要想跟自己同張書桌做功課，也不要想夜半電話來說想自己一類的告白。

詠愛知道自己需要感情，也許是療傷作用，所以很聰明地汲取的男生對自己的好感；上大學後，為了自己不會再輕易受到傷害，所以下意識地開放自己的身軀，並冀望有機會了解肉體上的高潮是什麼感覺？

　　詠愛甚至會刻意去欣賞Ａ片中女主角享受做愛的程度，彷彿在撫摸自己無法敞開的一部分；偶爾她也就會順著姿勢把手往自己裙子裡撩，發現這反而能讓自己有快感。

　　於是，詠愛學會了呻吟。

　　在放開自己喉嚨的那一天，詠愛像出籠的青鳥，找到了自己的聲音，她也不藏私地用在有男人出現的場次裡；意外發現對方似乎很被這種方式所激勵，會格外「勤奮」。詠愛喜歡看到他人為自己努力的樣子，所以她願意供給這樣的「輔助」。儘管她可以感覺到另一個自己正在角落冷冷地看著，並無法投入全部的靈魂；而沒有高潮的一場做愛，就像是只有美酒而沒有朋友的晚宴，虛假得可以！詠愛不知道自己為什麼要假裝那個男人做

到了，讓對方誤以為自己有了巔峰時刻，只感覺這一切就像一種表演，而她自己不能一個人達成。

就這樣，日復一日，詠愛維持著雙面人的模樣，活了好長一陣子。

她想起從小讀的《亂世佳人》，幻想著白瑞德與郝思嘉纏綿而靈肉合一的性愛。在性愛技巧上已臻純熟的她，開始思考著身體在性愛中的角色。她未來的伴侶應該在性生活上讓她得到真正的歡愉、情不自禁的叫床與潮水般的高潮，而不是她的假裝與虛偽應對。她未來的生活應該是和心愛的老公在性愛中一起達到高潮，一起感受愛的歡愉；在情慾中享受無法克制的喊叫與求饒，在一連串的電流衝擊下彼此顫抖痙攣著，一起感受達到天堂般滿足的幸福。

出社會工作了好幾年，隨著西方性觀念開放流傳，詠愛稍稍獲得解放，潛藏在心底時時控告自己的聲音漸漸地消平。性需要是正常的，就像食慾，當愛火焚身，無法把持也是很正常的，自己不是失敗而失去貞操的童

女，為了無真心的男子犯了不必要的犧牲。

如今她需要的只是身體上的解放，也許因為長期自我壓抑，詠愛雖然長期有性生活，卻從未確定所謂的性感帶與快感高潮是如何而來，直到來找醫師聽完說明後，詠愛笑了。

 DR. Jennifer 的相談室

根據調查，國內大約有六成的女性會在性愛時假裝高潮、配合對方。現在性觀念愈來愈開放，年輕人們進行初次性行為的年齡也往下調，但是究竟性愛之後，有沒有獲得滿足？還是只是胡亂做一通呢？

男性的高潮跟女性相比較能達成，就是「射出來」就代表高潮，平均只要花約 4 分鐘就可以達成，但女性卻得花 10 ～ 20 分鐘才能高潮，且女性高潮的構成十分

複雜，光靠單純的撫摸和抽插是無法讓女性獲得高潮的，從氣氛的經營、撫摸的力度、說話的語氣、當時活動的場所、五感等等，如果有幾項達到女性的標準，再配合正確的動作、姿勢，便能成功。

對女人而言，高潮到底是什麼？

與真實性行為相比，女性自慰達高潮的時間短上許多，平均也是 4 分鐘左右，但是許多情侶、夫妻都拘泥於單純的陰道抽插達到高潮，這種想法並不合邏輯！因為做愛不是只等於陰道性交，且女性在陰道性交之中較難高潮，也難怪女性們會習慣假裝高潮了。

女性的高潮簡單分成兩種類：陰蒂高潮、陰道高潮（G 點）。

❶ 陰蒂高潮

陰蒂和陰阜、大陰唇、小陰唇、陰道前庭、前庭大腺、前庭球、尿道口、陰道口合稱為外陰部，也稱做外

陰高潮。沒想過吧？小小一個地方有這麼多部位，其實不要說男性，陰蒂的位置可能就連女性都不太了解。陰蒂外觀像顆小按鈕，位在小陰唇前方的會合處。陰蒂約有 10 公分長，有四分之三的陰蒂藏在女性身體中，只有一部分顯露在外被肉眼看到。

你可能會懷疑，小小一個位置，怎麼會讓人高潮？舉個淺顯易懂的例子，陰蒂就像是男生沒勃起的陰莖，更別說陰蒂存在的意義就是為了替女性帶來愉悅，沒錯！陰蒂這個構造跟繁衍下一代沒有關係。

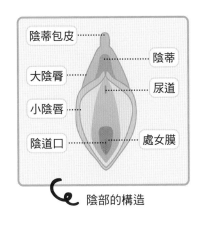

陰蒂包皮
大陰唇
小陰唇
陰道口
陰蒂
尿道
處女膜

陰部的構造

陰部的構造，有時候連女生自己都搞不清楚。

和其他兩種高潮比起來，陰蒂高潮是比較簡單能達
成的，多數女性也經常藉由自慰陰蒂達到高潮。基本
上，陰蒂高潮可以帶來 3 ～ 16 次的肌肉收縮，可以持續
10 ～ 30 秒。

❷ 陰道高潮

陰道高潮的原因，就是牽涉到我們常聽到的「G
點」。G 點約在陰道內 4 ～ 5 公分處，是過去還在媽媽
肚子裡時胚胎的遺跡，如果是男寶寶就會突出變成陰莖
跟前列腺；女寶寶就會後縮變成 G 點。

G 點是一個腺體，這個腺體叫做「斯基恩氏腺
（Skene's glands）」，包著海綿體的組織，海綿體裡有
很多血管跟神經，所以若是能用對的方法去刺激它，能
啟動性的高潮感，會分泌很多液體，這些液體會被海綿
體吸收，整條 G 點就會膨起來，能輕易地用手指觸摸到。

性愛步驟裡有一說，伴侶只要先愛撫陰蒂後，再進
行陰道性交，就較能達到高潮，這是因為 G 點神經連結

✛ 潮吹到底是何方神聖？

常在 A 片中看到女優做愛時噴出如水般的液體，不少人都有兩個懷疑：

Q1／潮吹的液體是尿嗎？

首先，潮吹並不是尿，是跟前列腺成分很類似的液體。如左文中所説，G 點內含有海綿體組織，當海綿體吸滿了愛液，受到足夠刺激，它就會像男性射精般將內含的液體全部擠壓，自尿道口兩旁的洞（斯基恩氏腺的開口）噴出。

Q2／潮吹的狀況真的有可能發生嗎？

基本上，因為東方女性的 G 點較後退，靠一般的性行為模式（單純陰莖進入陰道抽插）達成潮吹不太可能；如果要做到潮吹，可能得靠像加藤鷹那般的神手才能達到。

到陰蒂，所以如果正確地刺激陰蒂，使陰蒂高潮後，整條神經束就會全部活化、興奮，進而使得陰道內的 G 點活躍，待 G 點膨起之後，再藉由陰莖的抽插達到快感，使骨盆底肌急速收縮。

東方人較難高潮是有原因的

因為種族基因的關係，東方人的 G 點有 70% 是後縮的狀態，等同於**在沒有良好前戲的狀態下，G 點沒有受到刺激膨起，陰莖再怎麼抽插都很難碰得到**。如果有好的前戲，G 點膨起來碰到 G 點的比例就高一些。

而白種人或高加索人的 G 點就有六成的人是膨出的，所以無論是手指或是陰莖，只要放進去很快就能碰到，這是天生上的差異；或也可解釋成心理影響身體、身體影響生理，也許是因為東方對於性愛很保守，所以我們的 G 點多數都後縮，甚至沒有活化的機會。

G 點有活化跟沒活化的差別很大，第一點是在做愛興奮時，活化的 G 點會產出液體，造成濕潤感，使整個

做愛過程順利且舒適；第二點，如果啟動之後不停地刺激它，持續刺激 12 ～ 15 分鐘後就能引發陰道高潮、引發整個骨盆腔肌肉愉悅的收縮。

換言之，**只要 G 點沒有被激活，基本上陰道高潮的比例很低，可能只會有陰蒂高潮。**

陰道在性交中很重要的兩個因素就是「緊」跟「高潮」，緊能提供適當的摩擦力，但在有摩擦力的同時又必須要有濕潤，且不能太濕，需要維持摩擦力，是一個很精細的工作。另外，我們認為 G 點跟神經束能透過脊椎跟大腦的性慾區相連，所以你可能看到一個帥哥，透過大腦脊椎神經傳達至 G 點，讓陰道分泌出液體；相對地，也可以反向刺激 G 點，讓大腦發出想做愛的訊號。

G 點也可以醫美

G 點除了後縮外，還有第二個問題是會「退化」！你可能想說：天啊，後縮已經夠慘了，竟然還會退化？是的，**G 點的成長敏感度比例上來講是在 32 歲達到顛峰**

之後開始往下掉，而且是沒生過小孩的情況下喔！G點的支持物是女性荷爾蒙，當女性的卵巢開始有些微退化時，G點退化得很快，特別是生完孩子之後退化得更快。

你可以自己摸摸看，G點沒有退化的女性摸起來會像舌頭後面那個粗粗的感覺，那個叫皺破（Rugae），一摸就會膨大；但生完孩子之後的婦女，摸起來會軟軟的、平平的，皺摺消失，那就是退化的G點，感度較低。

那G點治療的定義是什麼呢？它其實就是用你自體的生長因子PRP注射到G點內，讓腺體跟海綿體康復、變年輕，使得腺體內的神經跟血管變得更加敏感。你也知道，海綿如果舊了或老了就會變硬、無法吸水，G點內的海綿體也是一樣的道理，當它還年輕力壯的時候，腺體分泌愛液，它就吸飽，飽了它就變大，大了之後它就變得很敏感，所以一旦G點老化就無法吸水膨起。

✚ 叫床有助於性愉悅

叫床、嬌喘指的是人類（多指女性）在性活動會發出聲音的現象，以向其性伴侶表達交歡時的愉悅感與助興，可能是以言語表達，也可能是非言語（如用力呼吸、呻吟、尖叫等）。相較於男性，女性在高潮時發出的聲音頻率非常快，且伴隨有規律的節奏。

做愛時，男性不只需要視覺與觸覺的刺激，叫床的聽覺刺激更是一場隨著性愛起舞的交響樂。美妙的叫床聲可讓男性在行房時清楚了解伴侶的感受，也可以讓男性經由聽覺的刺激感覺更加興奮。歐美 A 片中，女優們通常會高聲地叫床，合併說著 OH YES；但相較之下，亞洲男性偏好的是嬌喘兼具呻吟的叫床聲，因為東方文化中還是喜歡女性在性行為中帶有害羞、欲拒還迎的氣氛。

附

錄

**＋ 男人／女人
真的是你想的那樣嗎？**

Q1. 女人都喜歡關燈做愛嗎？

有 40% 的女人在關燈後才肯與伴侶做愛。如果女人的身材不是如她們所願的那樣苗條，或是身上有妊娠紋、疤痕，那麼，關上燈再做愛也許是她們的第一選擇。

而不因為身材焦慮的女人，在性行為中達到高潮的機率高達 83%；相比而言，那些老是擔心自己身材的女人，在做愛時達到高潮的機率卻只有 42%。所以，要是關上燈可以讓她盡情享受性愛，而不被其它擔心所干擾的話，就替她關上燈吧！也有很多女性喜歡矇上眼做愛，有一種神祕的刺激感，這與關燈後可以用其他感官探索性愛的原理類似。

據說美國東部及加拿大部分地區有次發生大停電，造成意想不到的結果—九個月後竟迎來一次的生育高峰，可見沒有燈光的打擾，人類的性愛會更加釋放。雖然關上燈會減少男性的視覺刺激和性愉悅，但也許可讓性愛時間延長、專注體會彼此性感的呼吸和呻吟！要化解會造成性疲乏的柯立芝效應，最好的方式就是變化性生活的節奏和模式，切忌一成不變，所以對於關燈或開燈，端視男女之間的默契與創意，把握默契及創意會讓性生活永保新鮮。

Q2. 女人是否很注重前戲的時間？

我的答案是，不止前戲、還有後戲。一般男女間的性愛如果是「吃全餐」，大致上分成幾步驟：親吻、前戲（愛撫）、實質性愛、後戲。一個體貼的情人，應該在實質性愛結束後，好好呵護擁抱、親吻女伴，而不是結束後馬上翻身起來洗澡、抽菸或是呼呼大睡，甚至還有人因為喝得太醉，做到一半就睡著，這樣的性生活品質會讓女伴雖然做了愛，但是感覺沒有滿足，就像沒有吃飽一樣。

女性有一種很特別的情緒反應機制，稱為「儀式性的啟動」，就是當女性要啟動一項動機時，初始遇到的第一個動作或第一件事會影響到後續她執行這個動機時的情緒。比方說，做愛剛開始時男伴做了一件很倒胃口的事，那麼那一晚的性愛，甚至那一段關係就可能面臨危機，但男伴卻渾然不自知自己為何出局。

由這一點，男性應該就知道前戲和親吻在美好的性愛中佔有多重要的角色，如果要讓女伴真正的滿足，前戲和愛撫絕對是不可或缺的。所以聰明的男性，請耐心的用精緻的節奏帶領妳的女伴享用性愛全餐吧！

Q3. 哪些時候女人會特別想做愛？

女性在以下這些時刻會特別想做愛：

❶ 遠距離戀愛：

遠距離的戀愛會讓彼此的渴望變強，特別是在相隔一段時間再見面時，彼此的性吸引力會更強。可以在約會前運用簡訊、視訊、電話性愛讓渴望及激情更加升溫。

❷ 經期時或經期過後那幾天：

其實女性在經期或經期過後的那幾天，性慾反而會特別高漲，做愛時也特別容易高潮，這是因為經期前後雌激素很低，雄性激素相對分泌明顯，女人就會變成下半身思考，且經期時生殖系統處於充血狀態，所以較敏感、容易高潮。

❸ 吵架和好後：

吵架後和好的性愛在英文叫做「make up sex」，主要的原因是做愛能增加親密感（intimacy），增加腦中相關的戀愛激素分泌（如多巴胺、催產素等等），尤其是催產素

與親密連結有關，所以做完愛就會有一種類似和好如初的感覺。根據調查顯示「睡飽後」及「吵架後」的性愛最舒爽。市面上有許多情趣用品（例如：小鞭子、愛心小手……），在吵架後的性愛中適時搭配使用，更能有效舒緩彼此間的情緒，讓這場架吵出更濃烈的愛意！

❹ 適量喝酒後：

有些比較拘謹的女性，平時對於性愛比較放不開，如果能夠在約會時喝點酒精度低的雞尾酒，確實有助於女性放鬆心情及更享受性愛。

但對於男人來說，酒精中的乙醇對中樞神經其實會產生抑制作用，阻礙血液流通到陰莖，無法供應其勃起充血，嚴重妨礙性生活。同時乙醇也是「殺精」的一大元兇，精子主要成份是蛋白質，但當乙醇進入血液後便會導致蛋白質變性，使得精子品質低落，出現斷頭斷尾、死氣沉沉，甚至瀕臨死亡的狀態。

❺ 度假放鬆時：

美國社交網站針對美國男女，以「到哪裡做愛最浪漫」

為題，進行問卷調查，發現 75% 受訪者認為，出門做愛比在家做愛更有情調。丹麥政府為了解決生育率低問題，甚至拍攝影片鼓勵度假做愛。

其實若找不到時間度假，換個放鬆的地方做愛也很有情調，比方台灣的摩鐵文化相當流行，有許多不同風格的房間及設備，很多伴侶甚至家庭乾脆在周末時到摩鐵去休閒、唱歌、小孩玩水游泳。在摩鐵做愛，不需煩惱小孩或公婆聽到，對於放鬆及興致一定比在家裡好得多。我在替不孕症夫妻做治療時，也會鼓勵他們有空到摩鐵或度假時做愛，以舒緩因為不孕症治療而造成的性愛疲乏。

Q4. 是否不能接受男人自慰？

男伴自慰這件事，其實女人一般是不太介意的，但如果男伴只是自慰，卻不跟女伴做愛或減少做愛頻率，那女人就會超級介意了。所以關鍵是，男生不要只是關注自己的感官享受，而忽略掉女伴的感受。事實上男人自慰的律動頻率與真正跟女性做愛的頻率不同，自慰時通常會看 A 片啟動性慾，而 A 片啟動性慾的速度跟正常男女調情也有所不同。A 片會以非常刺激的鏡頭或快速的挑逗節奏讓男性很快勃起，再加上用手摩擦的速度通常很快，如果一位

男性仰賴自慰所達到的快感跟次數多於實際做愛，有可能無法在正常男女調情中順利勃起，甚至早洩。

Q5. 女人也會自慰嗎？

女性在有伴侶狀態下仍會自慰的比例，據調查大約是94 ～ 96%，原因是許多男伴對於女性的 G 點及性感帶並不熟悉，以至於女性沒辦法在真正的性行為中獲得滿足及高潮。在這樣的情況下，女生向男性反饋說出實話的情況並不多（怕影響男性自尊心），更有些女性是在與男伴做愛完，待男伴徐徐睡去後，自己再加碼多給自己一些高潮的情況。

另有一個特殊狀況，在前面章節中也曾提及，有些女性因為陰蒂包皮過長或小陰唇過大，導致實際行房時無法得到適當的陰蒂高潮，如果伴侶又缺乏前戲引導，那這樣的女性只能靠自慰才能得到陰蒂高潮。

適當的自慰可以幫助男女雙方探索身體及性感帶，以及在暫時沒有伴侶但性慾升起時，獲得適當紓解。但是過度或完全仰賴自慰獲得高潮及滿足，確實有可能影響正常性生活的品質，所以頻率上的拿捏還是需要注意的。如果

無意間發現伴侶在自慰，也請給予他／她適當的空間、隱私及諒解，尤其男伴可以體貼地去了解女伴，是否有更細膩的細節希望你可以做到。

Q6. 戴著保險套做愛會影響感覺嗎？

男性戴保險套做愛，對於龜頭的敏感度會有些許影響，甚至有些網友形容戴套做愛就像「帶著手套挖鼻孔」，雖是玩笑話，但也道盡男性不喜歡戴保險套做愛的事實（不過也有男性感覺戴套比較持久）。就女性的觀點而言，其實不太喜歡保險套摩擦陰道的感覺，尤其是陰道較不容易濕潤的女性，戴保險套做愛較容易乾澀疼痛。

所以單就做愛本身的感度和品質，戴保險套確實會影響雙方的感度，但就防治性病及避孕的角度，使用保險套是必要的。至於保險套的厚薄到底會不會影響感度？試想，如果帶著厚橡膠手套或是薄橡膠手套去洗手，感覺會不會有差異？但要注意的是太薄的保險套容易破裂，產生意外懷孕的情況，所以 to be or not to be？飲食男女的性事要安全又要盡興，確實是兩難。

Q7. 性愛時，女人比較喜歡男人有什麼表現？

正如同前面章節所述，女性是比較偏向「情境」和「儀式」催動性反應的表現。簡單來說，開始性行為之前或行房中發生的細節，對於女性相當重要，如果男性在晚餐時間說了一句不中聽的話，在睡覺前求歡就會鐵定被拒；也有女性到男性住處時發現其他女性遺留的用品，馬上性趣全消；甚至有些呆頭鵝在行房中突然口不擇言：「你好像有點鬆」或是「老婆你好像肚子變胖了」……以上這些例子都可能讓女性不開心而導致做愛興致下降。

總觀來講，除實質性愛的品質以外，如果男性可以把調情、前戲、後戲都用心做好，對女生而言都非常加分。天生會說話逗女生開心的男性不多，如果男性真的不曉得該怎麼做，可以在想要求歡時誠懇地說點好話「我看到你就好開心，我喜歡你」、「你什麼樣子我都喜歡」（此句必殺技）、「跟你在一起我好快樂」……。

正如同莎士比亞說的：「女人戀愛是靠耳朵」，請各位男士在耳鬢廝磨時，不要吝惜開口讚美，對於閨房樂趣真的會有很大幫助。

Q8. 女人高潮時會有什麼反應？

大部分女性在經歷高潮時會緊抱對方，但也有女性只有快感沒有高潮。性高潮反應的強度也因人而異，一般來說，若女性在性行為中真的有高潮，身體會有某些徵兆：

① 胸前或脖子皮膚出現「性紅暈」

此為身體出現最確實的性高潮反應。性紅暈是由於血液重新分配，體內血液驟然流向體表，導致皮下淺表血管充血的結果，其主要出現在顏面部、前胸部和乳房；其次，全身皮膚也有可能出現充血現象。

② 出現肌痙攣或緊張

性高潮時可能會伴隨全身或部分肌肉的肌緊張，從不隨意收縮到規律性收縮。主要表現為手、足痙攣或反張，顏面表情變化或身體扭動。

③ 呼吸和心率加快

由於中樞神經系統的興奮，血壓升高、肌肉收縮，以致呼吸、心率加快。性高潮時，呼吸次數可高達40次／分，

有時伴有有節奏的呻吟，心率會增加到 120 次／分，有些女性甚至高達 150-160 次／分。

❹ 陰道肌肉反應

性高潮時，女性的陰道肌肉（尤其是陰道開口肌肉）會發生劇烈且有力的收縮，陰莖會明顯有被包覆感及握感，這種收縮一般有 3 ～ 15 次，每隔 0.8 秒收縮一次，持續 2 ～ 4 秒或者更長時間，體質較好、未曾生育過的婦女，其陰道肌肉的收縮作用尤為明顯；緊接著，骨盆底會不自覺地抖動（尤其是陰道提肌和肛門括約肌），而與此相對的這些肌肉會自覺地、有意識地出現節奏性收縮。

最後，子宮發生節律性收縮，從子宮底一直發展到子宮頸，其高潮階段肌肉痙攣發生的次數較多，經歷時間也較長。

相對於高潮，其實女性更在乎在性行為中受到疼愛、呵護的感覺，如果性行為太過粗暴不體貼或是草草了事不顧及女性的感受，就算產生了性紅暈、肌肉顫動等等反應，在女性心中還是三振出局的。

玩藝 52

醫生，我的妹妹想幸福

16 個關於更年期性冷淡、產後鬆弛、假高潮…的生活故事，
麻辣女醫教你從私密處重建兩性親密關係

作　　者—李伯寧

攝　　影—郭芳維

梳　　化—鄭詠勳工作室

主　　編—汪婷婷

責任編輯—程郁庭

責任企劃—汪婷婷

封面設計—林家琪

內頁設計—亞樂設計

董 事 長
　　　　　—趙政岷
總 經 理

總 編 輯—周湘琦

出 版 者—時報文化出版企業股份有限公司

　　　　　10803 台北市和平西路三段 240 號 2 樓

　　　　　發行專線—(02)2306-6842

　　　　　讀者服務專線—0800-231-705　(02)2304-7103

　　　　　讀者服務傳真—(02)2304-6858

　　　　　郵撥—19344724 時報文化出版公司

　　　　　信箱—台北郵政 79 ～ 99 信箱

時報悅讀網—http://www.readingtimes.com.tw

電子郵件信箱—books@readingtimes.com.tw

生活線臉書—https://www.facebook.com/ctgraphics

法律顧問—理律法律事務所　陳長文律師、李念祖律師

印　　刷—詠豐印刷有限公司

初版一刷—2017 年 8 月 18 日

定　　價— 台幣 360 元

（缺頁或破損的書，請寄回更換）

國家圖書館出版品預行編目 (CIP) 資料

醫生，我的妹妹想幸福：16 個關於更年期
性冷淡、產後鬆弛、假高潮…的生活故事，
麻辣女醫教你從私密處重建兩性親密關係
/ 李伯寧著 . -- 初版 . -- 臺北市：時報文化，
2017.08
面；　公分 . -- (玩藝 ; 52)
ISBN 978-957-13-7083-5(平裝)

1. 性知識 2. 兩性關係

429.1　　　　　　　　　　106012030